村庄整治技术手册

村庄绿化

住房和城乡建设部村镇建设司　组织编写
倪　琪　主编

中国建筑工业出版社

图书在版编目(CIP)数据

村庄绿化/倪琪主编．—北京：中国建筑工业出版社，2009
（村庄整治技术手册）
ISBN 978-7-112-11662-1

Ⅰ.村… Ⅱ.倪… Ⅲ.乡村绿化—手册 Ⅳ.S731.7-62

中国版本图书馆CIP数据核字(2009)第219589号

村庄整治技术手册
村庄绿化
住房和城乡建设部村镇建设司 组织编写
倪 琪 主编
*
中国建筑工业出版社出版、发行(北京西郊百万庄)
各地新华书店、建筑书店经销
北京天成排版公司制版
北京同文印刷有限责任公司印刷
*
开本：880×1230毫米 1/32 印张：5⅛ 字数：156千字
2010年3月第一版 2010年3月第一次印刷
定价：**15.00**元
ISBN 978-7-112-11662-1
(18911)

本书为村庄整治技术手册之一。全书从实际应用的角度出发，分别阐述了村庄绿化中植物的选择及其栽植养护、村庄绿化的实施和操作、村庄绿化与经济发展相结合的方法，以及村庄绿化完成后的保护与管理措施，并且选取典型案例进行介绍，以起到示范和指导作用。

* * *

责任编辑：刘　江
责任设计：赵明霞
责任校对：陈　波　赵　颖

《村庄整治技术手册》组委会名单

《村庄整治技术手册》编委会名单

郝芳洲　中国农村能源行业协会研究员
徐海云　中国城市建设研究院总工程师、研究员
顾宇新　住房和城乡建设部村镇建设司村镇规划(综合)处处长
倪　琪　浙江大学风景园林规划设计研究中心副主任
凌　霄　广东省城乡规划设计研究院高级工程师
戴震青　亚太建设科技信息研究院总工程师

序

当前，我国经济社会发展已进入城镇化发展和社会主义新农村建设双轮驱动的新阶段，中国特色城镇化的有序推进离不开城市和农村经济社会的健康协调发展。大力推进社会主义新农村建设，实现农村经济、社会、环境的协调发展，不仅经济要发展，而且要求大为推进生态环境改善、基础设施建设、公共设施配置等社会事业的发展。村庄整治是建设社会主义新农村的核心内容之一，是立足现实、缩小城乡差距、促进农村全面发展的必由之路，是惠及农村千家万户的德政工程。它不仅改善了农村人居生态环境，而且改变了农民的生产生活，为农村经济社会的全面发展提供了基础条件。

在地方推进村庄整治的实践中，也出现了一些问题，比如乡村规划编制和实施较为滞后，用地布局不尽合理；农村规划建设管理较为薄弱，技术人员的专业知识不足、管理水平较低；不少集镇、村庄内交通路、联系道建设不规范，给水排水和生活垃圾处理还没有得到很好解决；农村环境趋于恶化的态势日趋明显，村庄工业污染与生活污染交织，村庄住区和周边农业面临污染逐年加重；部分农民自建住房盲目追求高大、美观、气派，往往忽略房屋本身的功能设计和保温、隔热、节能性能，存在大而不当、使用不便，适应性差等问题。

本着将村庄整治工作做得更加深入、细致和扎实，本着让农民得到实惠的想法，村镇建设司组织编写了这套《村庄整治技术手册》，从解决群众最迫切、最直接、最关心的实际问题入手，目的是为广大农民和基层工作者提供一套全面、可用的村庄整治实用技术，推广各地先进经验，推行生态、环保、安全、节约理念。我认为这是一项非常及时和有意义的事情。但尤其需要指出的是，村庄整治工作的开展，更离不开农民群众、地方各级政府和建设主管部门以及社会各界的共同努力。村庄整治的目的是为农民办实事、办好事，我希望这套丛书能解决农村一线的工作人员、技术人员、农民参与村庄整治的技术需求，能对农民朋友们和广大的基层工作者建设美好家园和改变家乡面貌有所裨益。

仇保兴

2009年12月

前　言

《村庄整治技术手册》是讲解《村庄整治技术规范》主要内容的配套丛书。按照村庄整治的要求和内涵，突出“治旧为主，建新为辅”的主题，以现有设施的改造与生态化提升技术为主，吸收各地成功经验和做法，反映村庄整治中适用实用技术工法(做法)。重点介绍各种成熟、实用、可推广的技术(在全国或区域内)，是一套具有小、快、灵特点的实用技术性丛书。

《村庄整治技术手册》由住房和城乡建设部村镇建设司和山东农业大学共同组织编写。丛书共分13分册。其中，《村庄整治规划编制》由山东农大组织编写，《安全与防灾减灾》由北京工业大学组织编写，《给水设施与水质处理》由北京市市政工程设计研究总院组织编写，《排水设施与污水处理》由住房城乡建设部农村污水处理北方中心组织编写，《村镇生活垃圾处理》由中国城市建设研究院组织编写，《农村户厕改造》由中国疾病预防控制中心组织编写，《村内道路》由中国农业大学组织编写，《坑塘河道改造》由广东省城乡规划设计研究院组织编写，《农村住宅改造》由同济大学组织编写，《家庭节能与新型能源应用》由亚太建设科技信息研究院组织编写，《公共环境整治》由中国建筑设计研究院城镇规划设计研究院组织编写，《村庄绿化》由浙江大学组织编写，《村庄整治工作管理》由山东农业大学组织编写。在整个丛书的编写过程中，山东农业大学在组织、协调和撰写等方面付出了大量的辛勤劳动。

本手册面向基层从事村庄整治工作的各类人员，读者对象主要包括村镇干部，村庄整治规划、设计、施工、维护人员以及参与村庄整治的普通农民。

村庄整治技术涉及面广，手册的内容及编排格式不一定能满足所有读者的要求，对书中出现的问题，恳请广大读者批评指正。另外，村庄整治技术发展迅速，一套手册难以包罗万象，读者朋友对在村庄整治工作中遇到的问题，可及时与山东农业大学村镇建设工程技术研究中心(电话 0538-8249908，E-mail：zgczjs@126. com)联系，编委会将尽力组织相关专家予以解决。

编委会

2009 年 12 月

本书前言

绿色——新农村的背景色。

2005年，党的十六届五中全会做出了建设社会主义新农村的重大决定。《中共中央、国务院关于推进社会主义新农村建设的若干意见》明确提出了"生产发展、生活宽裕、乡风文明、村容整洁、管理民主"的新农村建设目标。在这新农村建设的20字方针中，"村容整洁"目标包含着"街院净化、村庄绿化、道路硬化"三层含义。

随着我国农村经济的发展，农村居民对生活质量的要求越来越高，对村庄绿化的期望也越来越高。而现阶段村庄的绿化现状却不容乐观，绿化景观往往杂乱无章，有些村庄甚至连树木都见不到几株，完整、系统的村庄绿化系统更无从谈起。一些经过绿化的村庄，其水平差异也很大。绿化较好的村庄已从单纯的"绿化、美化"向"生态化、园林化"方向发展；而不少村庄绿化目前还停留在"栽树"层面上，缺乏整体绿化规划和相应技术保障。因此，治理乡村环境、完善村庄绿化是当前村庄整治中亟待解决的问题。

本书从实际应用的角度出发，分别阐述了村庄绿化中植物的选择及其栽植养护、村庄绿化的实施和操作、村庄绿化与经济发展相结合的方法，以及村庄绿化完成后的养护与管理措施，并且选取典型案例——浙江省滕头村进行介绍，以起到示范和指导作用。

村庄绿化是一项长期而艰巨的工作，社会主义新农村建设更是一项光荣而伟大的事业，只有坚持以科学发展观为指导并通过不懈的努力，才能构建和谐宜人的绿色乡村，实现"村在林中、路在绿中、房在园中、人在景中"的绿化目标。

本书主编倪琪，编委秦晶、冯翠玲。

目　录

1 村庄绿化概述

我国正处在社会主义新农村建设的热潮中，村庄整治建设如火如荼，绿化更是其中不可或缺的一部分。在对村庄绿化工作进行研究的初始，首先要对村庄绿化现状、绿化的原则目标，以及绿化规划有一定的了解。

1.1 我国村庄绿化现状及存在问题

随着我国城乡经济的快速发展，新农村建设作为缩小城乡差距的重要措施，得到了广大农民群众的普遍支持和热情参与。

经济发展影响下，村庄生态环境遭到破坏严重，局部甚至恶化。改革开放以来，我国不少地区农村为了发展经济，大力引资、兴办工厂，但是缺乏生态保护意识，工业废水和生活污水肆意排放，造成当地环境污染、生态破坏，田园风光缺失，严重影响到村民的健康和生存质量(图 1-1)。日益富裕的农村居民渴望过上质量更好的乡村生活，具有改善村庄环境的迫切需求。随着时代的进步，村民们逐渐意识到良好绿色环境的优越性，在可持续发展观的带动下，着手恢复生态环境，加强绿化建设。

图 1-1　农村被污染的河道和绿化整治后的河道的对比

就全国范围来讲，村庄绿化工作仍处在初级阶段，绿化实施并不普遍，各地建设水平差异较大。在新农村建设热潮的影响下，广大农村居民积极参与村庄绿化，迫切需要改善自身居住环境，但是由于缺乏相关规范和政策的指导和约束，未能统一规划管理，村村各自为政，村民自发建设，造成目前村庄绿化布局乱、景观效果差的局面，达不到当地村民的预期要求，也降低了村民继续参与村庄绿化的积极性，不利于新农村建设的进行。一些经过绿化的村庄，绿化用地是留出来了，但植物配置不到位，缺乏色彩、高低层次变化和绿化覆盖量(图 1-2)。村庄绿化水平总体比较低，是村庄整治的一个短板，需要加以重视。

图 1-2 缺乏层次的村庄绿化

绿化中存在问题较多。目前我国有不少地区从干部到群众普遍存在模糊认识，保护生态环境及绿化认识不深，绿化整治不到位。大部分农村群众依然生活在道路泥泞，生产、生活废弃物随便堆放，污水、污物不经任何处理任意排放等脏、乱、差的恶劣环境中；部分经过绿化的村庄受绿化方法和经济水平的限制并没达到良好的效果，或者绿化后期出现了植物衰败、生态和观赏价值低的现象。

忽视经济效益，也是村庄绿化出现的一个问题。人们常错误的认为绿化是依靠植物来美化环境，是一种凭借财力追求视觉享受的奢侈行为。在此意识影响下，一些地区盲目引进外来园林植物，资金需求量大、后期维护费用高，且不能带来经济收益，对村庄绿化的广泛推广产生了不利影响。

1.2 村庄绿化应实现的目标

村庄绿化可以划分为三个阶段性目标：第一阶段是“见缝插

绿”，即对村庄可视范围内的荒山荒坡、梯田地埂、街道、公共场所进行绿化，提高村庄绿化覆盖率，实现村庄的绿化、美化；第二阶段是建设生态化、园林化村庄，它是在第一阶段的基础上，通过针阔混交，乔、灌、花、草结合，达到具有乡村特色的绿化效果。第三阶段是实现生态游憩，它是在生态园林化村庄的基础上，建设中小型公园、景点，将园林绿化与休闲娱乐、旅游开发融为一体。现阶段，村庄绿化的首要目的是为村民营造一个环境优美、生活舒适、生态良好的绿色环境，同时最大限度地兼顾经济效益、增加村民收入(图 1-3、图 1-4)。

图 1-3 绿化良好的村庄(一)

图 1-4 绿化良好的村庄(二)

我国幅员辽阔，村庄类型多样，不同地区的绿化方式和侧重面有所差异，但其最终改善村民生活环境、缩小城乡差距、获得经济效益的目标是相一致的。

1.3 村庄绿化指导思想和原则

1.3.1 指导思想

村庄绿化建设应全面贯彻党的十七大精神，紧紧围绕全面建设小康社会的总体目标，运用生态学、园林学、美学原理和可持续发展理论，坚持以人为本的科学发展观和构建社会主义和谐社会的理念，遵照保护与建设并举的绿化方针，完善村庄绿地系统建设，推进村庄绿化美化，改善农村居民的生产、生活环境，为全面建设社会主义新农村、加快实现农业和农村现代化提供生态保障。

村庄绿化实施以“体现田园风光和地方特色”为指导思想，以绿化、美化和生态优化为出发点，以改善农村生态环境和人居环境为目标，以“尊重群众意愿”、“统一规划”、“因地制宜”、“兼顾生态和经济”等原则为指导，大量应用乡土树种，创建结构合理、层次丰富、功能完备、生态良好的村庄绿地系统。

1.3.2 原则

1. 尊重村民意愿，符合群众需求

在规划和建设的过程中，应鼓励当地村民参与，充分尊重村民意愿，了解村民的需求，注重发挥他们的主体作用，激发村民互助合作、共建绿色家园的积极性。通过展示、宣传村庄绿化效果使村民充分了解其建设的意义与实施过程，争取他们的支持和理解，同时也鼓励村民提出各种建议和意见。

2. 统一规划，协调发展

在进行村庄绿化设计时，不仅要考虑社会、经济和生态功能，而且要考虑与其他规划衔接，从整体出发，保证村庄绿化布局的可操作性与可持续性。将村庄绿化统一到整个农村环境中去，注重整个村庄不同区块风格的协调，形成自然、整洁的整体风貌。为实现这一目标，可将村庄绿化纳入县域的城镇体系规划和乡镇的村庄布局规划之中，实现统一规划、同步发展。

3. 因地制宜，适地适树

因地制宜是指绿化布置要与当地的地形地貌、山川河流、人文景观相协调，针对各地区村庄不同的气候、地形、建筑等特点，采用多样化的绿地形式。因地制宜要尊重地方传统，遵循乡村自然地貌特点，将山、水、路、房、树融为一体，形成自由活泼、富有生命力和吸引力的乡村绿化风貌(图 1-5)。适地适树就是要遵循植物的生态习性，将园林植物在村庄中进行合理配置，保证其良好的生长条件，实现良好的绿化效果。例如，在具体的操作中，根据植物对水分、光照等的需求，将耐水湿植物用于水滨绿化，将耐阴植物用于屋后绿化等。

图 1-5 某村庄远景

4. 生态优先，兼顾经济

生态优先，兼顾经济，就是村庄绿化要以改善村庄的生态环境为首要目标，优先考虑绿化的生态效益。在确保生态目标的同时，合理配置植物，创造景观效益，把生态园林理念融入村庄绿化规划，以发挥其绿化美化作用。同时，尽量通过经济植物种植获得经济效益。例如，园艺上讲究的立体农业模式可结合村庄庭院进行实施，以便取得良好的经济和社会效益。村庄绿化成为农民增收的一条途径后，可实现经济和美观的双赢，确保村庄环境的可持续发展。

5. 方便操作，易于管理

在村庄绿化过程中，要保护好原有绿地，尽量小幅度改动村庄环境，保证绿化节约经济、容易执行且具有乡土风味。特别是要保护好风景林、古树名木、围庄林带和农田林网等，在绿化中将其融为村庄绿化体系的部分。绿化植物多选用村庄原有适生植物，移植工作简单，方便绿化操作。乡土植物适应地方环境，易于管理，可以减小村庄的经济投入。

1.4 村庄绿化规划

1.4.1 规划的作用及其重要性

首先，绿化规划具有重要的社会意义。开展社会主义新农村绿化规划不仅是为了提高广大农村居民的生活质量及生存环境，更是解决“三农”问题，统筹城乡发展，实施以工补农、城乡带动的战略举措，是缩小城乡差距、建设全面和谐社会的重要内容。

其次，规划能够帮助实现高水平的村庄绿化。绿化规划便于与村庄整体规划步骤相协调、衔接，有利于村庄整体风貌的形成和地域特色的再开发和维护，实现资源的合理配置，并且带来经济效益（便于维护、一村一品）。

最后，村庄绿化规划可以结合新农村建设规划和村庄的自然、经济条件，利用公共绿地景观、道路绿化、四旁隙地绿化、庭院绿化、环村林带，营造出“村在林中、路在绿中、房在园中、人在景中”的优美景观，使人居环境得到明显改善，初步实现生态的良性循环。

1.4.2 规划的内容及要求

村庄绿化规划的主要内容有绿化植物规划、公共绿地规划、道路绿化规划、水系绿化规划、住宅庭院绿化规划及村庄周边的农田林网和环村林带规划等。绿化规划前需对村庄立地条件有充分了解，广泛搜集包括自然资料和现状资料在内的基础材料。自然资料包括村庄的地形图、气象资料、土壤资料、河流水系资料等。现状资料包括村庄现有绿地面积、各类绿地的比例；公共绿地面积、绿地覆盖率；现有苗圃面积、苗木种类、规格数量及生长情况，以及适宜绿化而不宜修建的用地、名胜古迹、纪念地的相关资料。只有在了解这些基础资料的条件下，才可做出切合村庄实际的绿化规划。

1.4.3 如何做好村庄绿化规划

村庄绿化规划应注意结合以上资料，对乡村地形做出具体分析，充分利用山丘、沟、河、渠、塘等自然地貌，采用灵活多变的设计手法，使绿化既简便易行又富有田园意味。无论山区还是平原，都应在“体现田园风光和地方特色”这一思想指导下，本着因地制宜的原则，通过绿化总体规划、绿化树种规划，统一进行村庄绿化规划和植物配植，形成一个村庄特有的风格。

规划的基本原则：一是政府主导，群众参与。规划编制在政府主导下，集思广益、以村民为实施主体，规划反映村民意愿，符合本地实际。二是以人为本，科学规划。以村民的生活和经济利益为出发点，把绿化促进农村社会的发展放到首要位置。坚持科学规划，因地制宜，适地适树。三是分步实施，集约发展。植物是变化的景观，必须结合实际及近远期发展目标，立足当前，着眼长远，根据自身条件，可一步规划到位、分步建设实施，节能节资、集约发展。四是坚持生态学原则和系统工程原则。通过绿化建立一个以村为单元相对完整及稳定的绿地生态系统，由单元到区域全面保护和改善生态环境，提高村民的生存环境及生活质量。五是注重实效，突出特色。规划应结合村庄自然条件和人文资源，突出地方特色。六是可持续发展原则。绿化是目的也是手段，通过村庄绿化建设实现经济、社会、资源和环境保护的协调发展和资源的优化配置，实现可持续发展。

在新农村建设村庄绿化规划中，要把坚持以人为本的科学发展观和构建社会主义和谐社会的理念贯穿于规划全过程，以绿化、美化和生态安全为切入点，与村庄规划、环境整治、道路交通和经济发展等有机结合，努力实现“村村绿”、“村村美”和“村村富”，为加快农村经济社会发展提供良好的生态环境。

2 村庄绿化植物

植物是绿化最重要的组成部分，也是实现绿化合理布局和建设管理的重要保障。绿化植物的选择，是根据村庄立地条件对植物材料进行科学选择和统筹规划，以期选出适合当地自然条件、能较好发挥绿化功能的植物。这样既能减少村庄绿化的盲目性、避免不必要的损失，又能使村庄绿化独具特色。

2.1 植物分类及其应用

本书提到的村庄绿化植物包括乔木、灌木、藤本、露地花卉、草坪及地被植物和水生植物。绿化布置时尽量以乔、灌、藤、草组成的自然植物群落为蓝本，设计成有层次、有生态价值的人工植物群落，以丰富村庄植物景观，增添自然美感，同时最大限度地利用空间，增加单位面积绿量，有效提高生态效益，改善环境。

2.1.1 乔木

乔木是指树身高大的树木，它具有由根部发生的独立主干，树干和树冠有明显区分。通常将具有直立主干、高达 6m 以上的木本植物称为乔木，如木棉、雪松、白玉兰、白桦等。

乔木有落叶与常绿之分。冬季或旱季叶不落的树木称为常绿乔木；叶落的树木称为落叶乔木。

乔木有速生与慢生之分。速生树种生长较快，能迅速达到绿化效果，但往往寿命较短，需及时砍伐更新。慢生树种生长较慢，但往往长寿，能够维持较长时间稳定的绿化效果，但难以满足快速见效的要求。绿化时宜将速生树与慢生树间隔布置，速生树迅速成荫，长成后可以移出，留下慢生树，以保持长期、稳定的绿化效果。

乔木的绿化布置方式主要有孤植、对植、列植、丛植和群植等几种，这几种布置方式也适用于其他绿化植物，这里略作介绍以便在村庄绿化实施时能更好应用。

1. 孤植

孤植主要展示植物的个体美，常作为场所的主景。一般对孤植树木的要求是：姿态优美，色彩鲜明，体形略大，寿命长且具特色。周围其他树木需与之保持适当距离。在珍贵的古树名木附近，不可栽植其他乔木和灌木，以利于观赏其独特风姿。

2. 对植

对植即对称栽植数量大致相等的植物，多应用于庭院门口、建筑物入口、村庄小公园或桥头两侧。在一般种植中，不要求绝对对称，但对植树木应保持形态、树势的均衡。

3. 列植

列植也称带植，是成行成带栽植植物，多应用于街道、公路两旁，或村庄内规则式小公园周围。列植用作景物的背景或隔离措施时，一般需要密植，形成树屏。

4. 丛植

将三株以上的不同树种进行不规则组合，是普遍应用的种植方式，可用做主景或配景，也可用作背景或隔离措施。布置时应仿照自然，符合审美规律，力求既能表现植物的群体美，也不影响植物的个体美。

5. 群植

相同植物的群体组合，数量较多时以表现群体美为主，具有“成林”之趣。

乔木配置时，可利用树种的不同形态特征进行对比和衬托，例如运用树木体量、姿态、叶形叶色、花形花色的对比，衬托美化效果。在树丛组合时，要注意树种间的相互协调，不能将形态姿色差异很大的树种混合在一起。在进行植物配置时，无论单以植物为主景，还是植物与其他要素共同构成主景，在植物种类选择、数量确定、位置安排和方式采取上都应强调主景，做到主次分明，以突出表现主要景观特色。

2.1.2 灌木

灌木是指那些多年生、没有明显主干、呈丛生状态的木本植物，会从近地面的地方就开始丛生出枝干。植株一般比较矮小，不超过6m。耐阴的灌木可以生长在乔木下面，有的地区由于受各种气候条件的影响(如多风、干旱等)，灌木成为植被的主体。

灌木在绿化中常见的应用形式如下：

1. 代替草坪成为地面覆盖植物

将小灌木在大块空地进行紧密栽植，使其布满地面，并对其统一修剪，令其平整划一，也可随地形起伏跌宕。这种方式在村庄主要道路两侧、公园广场周边绿化中应用较多。灌木用作地面覆盖植物时，应注意定期修剪维护，这需要一定的经济投入。

2. 代替草花组合成色块和各种图案

一些小灌木的叶、花、果具备不同的色彩，可运用小灌木密集栽植的方法组成寓意不同的曲线、色块、特殊图案等。灌木形成的色块和图案较花卉类管理简便，适合在村庄中应用。修剪的技术性较强，维护费用较高，建议选择管理较为粗放的品种。

3. 花坛满栽

对一些形状各异的花坛进行布置时，可采取小灌木密集栽植的方法，形成花镜、花台，产生不同的视觉效果。现阶段村庄空间的地面硬化比重较大，预留花池较多，栽植灌木较花卉简单且易于维护，值得推广。

4. 绿篱或点缀

灌木一般萌蘖力和萌芽力较强，较耐修剪，可以整形为绿篱、花篱、刺篱等用作围合，或作为基础种植以柔化建筑边角。如图 2-1，灌木用作基础种植。

在村庄绿化中应用灌木，通常具有抗病虫害、抗旱、管理粗放等特点。作为木本植物，灌木类根系较深，比草本植物耐旱。栽植灌木后应及时浇水，以保证成活。后期基本可以粗放管理，苗木形成荫蔽后杂草很难生长。进入正常管理时期后，在旺盛生长季节修剪频率为每月 1～2 次，比起草坪草修剪次数相对少很多。与一、二年生草花或多年生草本地被植物相比更有一劳永逸的优势。

图 2-1 灌木的应用方式

2.1.3 藤本

茎较长、缠绕或攀缘他物上升的植物统称为藤本植物。茎较粗大且木质化的称为木质藤本，如紫藤、葡萄、猕猴桃、木通等；茎细长且为草质的称为草质藤本，如牵牛花、茑萝、丝瓜、扁豆等。用于村庄绿化的藤本植物可选择当地的藤本果品、蔬菜、中药材等，既美化环境，又能带来一定的经济收入。

藤本植物依据有无特别的攀缘器官又分为缠绕类、吸附类、卷须类和蔓生类四类。缠绕类藤本依靠自身缠绕支持物而向上延伸生长，攀缘能力较强，如紫藤、木通、金银花、油麻藤、茑萝、牵牛、何首乌等。卷须类藤本是依靠特殊的变态器官——卷须(茎卷须、叶卷须等)而攀缘，攀缘能力也很强，例如常应用的葡萄、观赏南瓜、葫芦、丝瓜、炮仗花、香豌豆等。吸附类藤本有气生根或吸盘，依靠吸附作用而攀缘，如具吸盘的爬山虎、五叶地锦，具气生根的常春藤、凌霄、扶芳藤、络石、薜荔等。蔓生类藤本没有特殊的攀缘器官，仅依靠细柔而蔓生的枝条，攀缘能力最弱，但垂挂效果好，常见的有蔷薇、木香、叶子花、藤本月季等。

当前，由于村庄地面硬化的广泛实施，绿化用地面积愈来愈小，充分利用藤本植物进行垂直绿化是拓展绿化空间、增加绿量、提高整体绿化水平、改善生态环境的重要途径。

常见的藤本植物绿化应用方法(图 2-2)及其品种选择如下：

图 2-2 攀缘植物应用实例

- 附着于墙体——用于各种墙面、挡土墙、桥梁、房屋等垂直侧面的绿化

选择墙体绿化植物时，应以吸附类藤本植物为主。粗糙的墙面宜选择枝叶较粗大的种类，如爬山虎、薜荔、凌霄等，便于攀爬；而表面光滑细密的墙体则选择枝叶细小、吸附能力强的种类。

- 附着于篱垣——主要用于篱架、栏杆、铁丝网、栅栏、矮墙、花格墙的绿化

这类设施的垂直绿化最基本的用途是防护或隔离，也可单独使用，构成景观。在乡村中，利用富有自然风味的竹竿等材料，编制各式篱架或围栏，配以茑萝、牵牛、金银花、蔷薇等，结合古朴的民宅，别具一番情趣。

- 附着于棚架——应用最广泛的藤本植物造景方法

其装饰性和实用性都很强，既可作为景观，又具有遮荫功能，有时还具有分隔空间的作用。村庄常见的棚架植物为菜地或庭院中的丝瓜、芸豆、南瓜、葡萄等，实用美观。

- 附着于树木——结合生产的庭院立体种植方法

在庭院内孤植的大树或散置的果树主干下设置围栏，采用应季

攀缘蔬菜进行缠绕，富有农家气息。选择植物材料时应当充分考虑各种因素，选用那些适应性强、经济实用的种类，如丝瓜、葫芦、豆角等。

利用藤本植物绿化窗台和屋顶，植物柔蔓悬垂，绿意浓浓，可使建筑立面有绿色点缀，有效地美化村庄景观。村庄中通常见到的是将藤本植物附着在棚架、主干、果木上，利用庭院隙地进行种植，绿化效果和经济效果均较好，在村庄绿化中值得发扬。

2.1.4 露地花卉

在村庄绿化时适当种植花卉能够提高绿化的观赏效果，起到画龙点睛的作用。村庄绿化中适宜选择宿根花卉或自播能力强的一、二年生花卉，以及适宜粗放管理的球根花卉和当地的野生花卉。宿根花卉经一次栽植，可多年见效，管理较为简单，且宿根花卉种类繁多。目前，广泛种植的宿根花卉有春季开花的芍药、鸢尾；夏季开花的萱草、山丹、晚香玉；秋季开花的荷兰菊、菊花、蜀葵等。一般宿根花卉根系较强大，适应不良环境的能力较强，观赏期长，花谢后还可以观叶，在自然环境较差的北方地区种植更能发挥其优势。蔬菜中的白菜、油菜、萝卜等可就地取材，也是很好的绿化材料(图 2-3)。木本花卉应选择花期长，管理简便的月季、丝兰等。花卉的应用方式灵活多变，有花坛、花境、花带、花群、花丛、种植钵等。花卉种植时应协调利用自然环境条件，并注意四季景观效果，随着季节的变换，色彩和样式也应随之变化。

图 2-3 蔬菜绿化效果

2.1.5 草坪及地被植物

草坪是用多年生矮小草本植株密植，并经修剪的人工草地，是近年来城市应用较广的地被类型。它一般设置在屋前、广场、空地和建筑物周围，供观赏、游憩或作运动场地之用。按照气候类型可将草坪草分为冷季型和暖季型两大类。冷季型草坪草多用于长江流域附近及以北地区，主要包括高羊茅、黑麦草、早熟禾、白三叶、剪股颖等种类；暖季型草坪草多用于长江流域附近及其以南地区，热带、亚热带及过渡气候带地区也分布广泛，主要包括狗牙根、结缕草、画眉草等等。虽然草坪观赏效果好，但维护费用高，村庄绿化时不提倡大量应用。

地被植物是指那些株丛密集、低矮，经简单管理即可代替草坪覆盖地表，具有防止水土流失、吸附尘土、净化空气、减弱噪声、消除污染等功能且有一定观赏价值和经济价值的植物。它不仅包括多年生低矮草本植物，还包括一些适应性较强的低矮、匍匐型灌木和藤本植物。

可用作地被植物的有：灌木类，如杜鹃、栀子、枸杞等；草本类，如三叶草、马蹄金、麦冬等；矮生竹类，如凤尾竹、鹅毛竹等；藤本及攀缘类，如常春藤、爬山虎、金银花等；蕨类，如凤尾蕨、水龙骨等；其他一些适应特殊环境的植物，如适宜在水边湿地种植的慈姑、菖蒲等，以及耐盐碱能力较强的蔓荆、珊瑚菜和牛蒡等。农村本身草多，若再植草坪草作为地被，既会增加绿化和管理成本，又将造成水资源的浪费，所以不予提倡。还可选择当地农作物作为地被材料，如油菜、金针菜、菠菜、甘薯、花生等(图 2-4)。

图 2-4　农作物也是地被植物的良好材料

随着我国绿化事业的不断发展，地被植物已被广泛应用于环境的绿化美化，尤其是在多种植物搭配时，其艳丽的花果能起到画龙点睛的作用。可用作地被的植物一般应具备如下某些特性：

- 常绿或绿色期较长，具有较长的观赏期；
- 花或果具备观赏价值，花期果期越长，观赏价值越高；
- 具有独特的株型、叶型、叶色或叶色具备季节性变化，能给人以非同一般的视觉感受；
- 具有匍匐性或良好的可塑性，可修剪控制株高，也可人工造型；
- 管理粗放，能适应较恶劣的自然环境；
- 有利于保持水土及提高对土壤中水分和养分的吸收能力或自然更新能力；
- 能够净化空气；
- 可带来一定的经济效益。

2.1.6 水生植物

水生植物具有观赏、净化以及生物多样性高的特点，在现代绿化中已得到普遍重视。这里所指的水生植物，不仅限于植物体全部或大部分在水中生活的植物，也包括适应低湿环境生长的一切可观赏的植物。水体中只有有了植物才能显得景色生动。即使那些无观赏价值的沉水植物，对净化水质及水体卫生与美观也具有很大作用，在水体绿化时要加以保留或补充。根据生活型的不同可将水生植物分为挺水植物、浮水植物、沉水植物和漂浮植物。

挺水植物的根、根茎生长在水的底泥之中，茎、叶挺出水面，包括荷花、千屈菜、茨菰等。

浮水植物指叶片漂浮在水面上的水生植物，包括睡莲、萍蓬莲、芡实等。

沉水植物的植株全部或大部分沉没于水下，包括黑藻、金鱼藻、狐尾藻等。

漂浮植物的根不着生在底泥中，整个植物体漂浮在水面上，包括凤眼莲、荇菜、满江红等。

村庄中存在一些河道、溪流、池塘等水体，绿化时应结合水生植物的生态习性、群落结构等进行科学布置。可以按照植物对水深的要求设置栽培槽，也可将缸架设水中进行栽植。对于浮水植物可以设置围栏以防止其蔓延，保护水体景观。水生植物的布置应结合水系设计综合考虑，充分使水生植物向岸边延伸、地被植物向水际线靠近，实现水岸的自然过渡。可在水滨区零散种植一些耐水湿植物，丰富景观层次，使植物成为景观的亮点。在拥有大面积水域的地区，也可结合风景的需要，栽种大量既可观赏，又有经济收益的水生植物。

2.2 村庄类型与绿地类型

2.2.1 村庄类型

根据村庄所在县山地比例的不同，村庄类型分为山区县村庄、半山区县村庄、平原县村庄三种。根据村庄地域位置的不同，村庄类型分为海岛村庄、沿海村庄和内陆村庄。位于不同地区的村庄在规划绿地的比例上有不同的要求。

2.2.2 绿地与绿化类型

村庄绿化的绿地类型，一般参照城市绿地的分类方法。在中心村庄建成区范围内，根据绿地的主要功能分类，绿地类型有：

(1) 公共绿地：指向公众开放、以游憩为主要功能的绿地。在村庄绿化中，主要是指村庄建成区内为全村居民服务的小公园、小游园绿地、休闲绿地、广场绿地等。

(2) 生产绿地：指村庄建成区内，提供苗木、花草、种子的苗圃、花圃、草圃等圃地。

(3) 防护绿地：指具有卫生、隔离和安全防护功能的绿地。村庄绿化中主要指建成区范围的围村林、河渠堤绿地等。

(4) 附属绿地：在村庄绿化中，主要指庭院绿地、工业绿地(工厂内的绿地)、道路绿地等。

(5) 其他绿地：指除以上绿地类型外，在村庄建成区内对环境改善和居民生产生活有直接影响的其他绿地。包括风景林地、生产果品的经济林等。

在村庄的建成区外，村域范围内，还有下列绿化类型：

1）路河渠堤绿化：指村域范围内，村庄建成区外的道路、河流、大型沟渠、海堤的绿化。

2）农田林网：指村域范围内，村庄建成区外农田的绿化。

3）山体绿化：村域范围以及距离村庄500m范围内第一层山脊面村坡的绿化。

2.3 村庄绿化植物选择

2.3.1 村庄绿化植物选择原则

1. 适地适树、适境适树

适地适树、适境适树就是要根据具体环境特点，选择与环境相协调的树种。如村民住宅前不宜过多选择树体高大且常绿的树种，以防影响冬日采光；村庄主要街道绿化宜选用寿命长、遮荫效果好的树种；粉尘污染重的地方宜多种植具有滞尘作用的常绿阔叶树种；有害气体多的地方宜种植能够净化空气的树种；休闲游憩场所宜选择色彩丰富、观赏价值高的树种等。

2. 保留利用原有植物，新造补缺

村庄绿化时应尽量保留乡村原有树木。本土树木往往生长较好、树龄较大，更能体现一个地方的特色。例如，原有的村庄经济型片林，如果园、竹林、桑园，以及房前屋后栽种的乡土树种，在村庄绿化时应加以保护，必要时进行扩大，以形成规模。这样可以有效提高绿化覆盖面积，在节约成本的同时创造经济效益。

新造补缺是指结合旧村改造和村庄环境治理，在原有植物基础上充分利用房前屋后和场边隙地，补充栽植适应性强、观赏性好、符合当地气候的乡土植物。新造补缺时提倡大苗种植，因为大苗种植具有成本低、生长快、树势旺、生态功能强等诸多优势。同时，应加大彩叶树种的种植力度。通过选择一些不同季节具彩叶的树种，丰富季相色彩，力求每个季节都有不同景观，使村庄绿化呈现出更加迷人的色彩，如图 2-5。

图 2-5 色叶植物绿化效果

在原有树木间补充栽植时，需注意树种间的矛盾。如有的村庄房前屋后或路边就是柑橘园，此时作补充绿化，就不宜随意种植其他芸香科的树种或不清楚是否会影响柑橘品质的外来树种，以免发生花粉污染，影响柑橘的品质纯度，或造成病虫害的交叉传染；在菜地间种植的树种也要考虑是否会成为病虫害寄主，影响作物生长；在梨园周围不宜种植柏树，以免引发梨锈病。对一些幼年期需要庇荫的植物，可以在其旁边种植一些喜光又速生的阳性树种。

3. 乡土植物为主，外来优秀植物为辅

乡土植物往往可以很好的适应当地气候和土壤等条件，具有成活率高、管理成本低、绿化效果好的特点，也最能体现地方特色。对于一个地区来说，绿化时应以乡土植物为主。我国植物资源极为丰富，在选择村庄绿化树种时甚至可以做到完全采用乡土植物。

选择绿化树种时要充分考虑当前农村的自然条件和经济条件，优选当地常见的、苗木价位较低但经济价值较高的树种，如较短时间内有材木收益的苦楝、竹子等；有果实收益的桃、李、柿树、柚、枇杷、银杏等。不宜选用有毒或人体易过敏的树种，如夹竹桃、漆树等。经济条件允许的地区也可以辅助引入一些能够适应本地气候条件、深受人们喜爱、具有一定观赏价值的外来植物，以丰富村庄绿化材料、提高村庄绿化水平。

4. 保留特色，突出经济

通过植物选择来保持乡村特色。绿化规划时广泛利用乡土植物，可以很好地保护和延续地方特色。村庄新增绿化植物提倡选择较为常见并深受村民喜爱的种类，尽量选用既有经济效益又有一定观赏价值的乡土植物作为骨干树种，再选择具有特色的外来植物作为适量补充。

突出绿化的经济效益，主要是通过经济植物的种植来体现。例如可因地选树、因村选果建植经济林果，注意体现村庄原有生态经济林特色；可以经济树种为主，以纯观赏树木作点缀，保持适当的比例，以达到经济性、实用性和观赏性的协调统一；可充分发挥农村四旁隙地的潜力，优化树种构成，突出花果，积极推广适生乡土经济林木，形成兼具田园风光与经济特色的村庄绿化体系。这样的绿化不但能够实现村庄美化，同时也能达到绿化富民的效果。

5. 易于栽植，便于管理

村庄绿化不同于城市高投入、精管理的绿化方式，适宜选择那些易于栽植、便于管理的植物。易于栽植，指的是在本地区既有良好生长基础的植物，其栽植过程不需要对于土壤、水分的更新和特别关照，例如在北方盐碱土地区栽植耐盐分的乡土植物，在南方酸性土壤上栽植喜酸的乡土植物。便于管理也是在适生乡土植物选择的基础上栽植那些管理简便的品种，减少修剪和病虫害管理的人力、财力消耗。

2.3.2 绿化植物选择方法

依照以上原则，根据村庄不同位置的分布，实施针对性的植物选择是村庄绿化工作的重要前提。绿化植物的选择主要依据其配置的不同有所差异，绿地类别及其选择方法为：

道路绿化：行道树选择标准；绿篱标准；花篱标准。

庭院绿化：果树；经济树种；经济作物。

水系绿化：滨水植物；水生植物；岸边植物。

四旁绿化：环境效益；安全实用；经济效益。

点缀绿化：美观；简洁；易于管理。

具体选择应用，本书将在第四章村庄绿化的实施中加以详细介绍。

2.4 常用绿化植物

我国幅员辽阔，具有丰富多样的绿化植物，习惯上，把我国划分为华北、东北、西北、华东、华中、西南和华南七个地区，各地区由于气候和土壤类型的不同，绿化植物种类有所差异。

2.4.1 地区划分说明

华北地区是指在中国地理上位于北部的一片区域，包括北京市、天津市、河北省、山西省以及内蒙古自治区的一部分。华北地区属暖温带气候，四季变化明显。

东北地区指在中国地理上位于东北部的一片区域，即中国东北三省所在的区域，包括黑龙江、吉林、辽宁三省和内蒙古东部地区。东北地区的范围相当于我国的寒温带和温带湿润、半湿润地区。

西北地区是指中国地理上位于西北内陆的一片区域，包括黄土高原西部、渭河平原、河西走廊、青藏高原北部、内蒙古高原西部、柴达木盆地和新疆大部的广大区域。西北五省区包括：陕西省、甘肃省、青海省、宁夏回族自治区和新疆维吾尔自治区。西北地区气候为温带大陆性气候，降水自东向西递减。

华东地区是指在中国地理上位于东部的一片区域，行政上指“华东六省一市”包括：山东省、江苏省、安徽省、浙江省、江西省、福建省和上海市。华东地区属北亚热带季风气候。

华中地区在中国地理上位于我国中部、黄河中下游和长江中游地区，包括河南省，湖北省和湖南省三省。该地区四季分明，属暖温带气候。

西南地区是指在中国地理上位于西南部广大腹地的一片区域，包括青藏高原东南部，四川盆地和云贵高原大部。西南四省(区)一市包括：四川省、云南省、贵州省、西藏自治区和重庆市。该区气候温暖湿润，属亚热带气候。

华南地区是指在中国地理上位于东南部的一片区域。华南三省(区)包括广东省，海南省和广西壮族自治区。广义上的华南地区还包括福建省中南部，台湾、香港、澳门。该区为南亚热带季风区。

2.4.2 常用绿化植物(树种)

见附录：绿化植物列表

3 村庄绿化植物的栽植养护

植物的栽植是在保证成活和健康生长的前提下，将植物按一定方式从一个地方移栽到另一个地方。栽植过程就是将苗木按一定的技术要求，栽植到事先挖掘好的栽植坑中，保证根系与土壤的密切接触，使其在新植地良好生长。树木的栽植季节、技术措施以及养护管理措施的优劣会直接影响树木的成活和生长。

3.1 一般养护阶段划分及主要养护技术

根据一年中树木生长自然规律和自然环境特点，一年中养护管理工作应分为五个阶段：

1. 冬季阶段——12 月、1 月、2 月树木休眠期

- 整形修剪：落叶乔灌木在出芽前进行一次整形修剪。
- 防治病虫害。
- 降水量较少时，注意保持土壤水分。
- 及时清除常绿树和竹类的多余覆雪，减少危害。
- 树体维护。

2. 春季阶段——3 月、4 月气温逐渐升高，各种树木陆续发芽

- 修整树木围堰，进行灌溉，满足树木生长需要。
- 施肥：在树木发芽前结合翻耕，施用有机肥料，改善土壤肥力。
- 防治病虫害。
- 修剪：在冬季修剪的基础上，进行剥芽去头。
- 拆除防寒物。
- 补植缺株。

3. 初夏阶段——5 月、6 月，气温渐高、湿度小，树木生长旺盛

- 灌溉：树木抽枝展叶开花，需要大量补足水分。

- 防治病虫害。
- 追肥：以速效肥料为主，可采用根灌或叶面喷施，注意肥料用量。
- 修剪：对苗木进行花后修剪并对乔灌木进行疏芽，去除干梢及根萌。
- 除草：在绿地和树池内，及时除去杂草，防止雨季出现草荒。

4. 盛夏阶段——7 月、8 月、9 月高温多雨，树木生长由旺盛逐渐变慢

- 防治病虫害。
- 中耕除草。
- 汛期排水。
- 修剪。
- 扶正：扶正倾斜树木，并进行支撑。

5. 秋季阶段——10 月、11 月气温逐渐降低，树木开始休眠越冬

- 灌冻水：树木大部分落叶，土地封冻前应进行充足灌溉。
- 防寒：对不耐寒的树种分别采取不同防寒措施，确保树木安全越冬。
- 施底肥：在入冬前应对珍稀树种、复壮古树等施入充足底肥。
- 防治病虫害。
- 补植缺株：以耐寒树种为主。
- 清理枯枝树叶、杂草，做好防火工作。

3.2 栽植季节与栽植技术的选用

根据绿化植物的生长习性来选择不同季节进行栽植，能够提高其成活率。栽植树木的适宜时间受季节限制较大，例如北方地区常见的国槐，在春天树木抽梢萌动前种植较好，入夏后或秋天种植，其成活率就很难保证。应根据各种树木的不同生长特性和栽植地区的气候条件确定树木的适宜栽植时间。

在适宜季节、非适宜季节、甚至适宜季节里的不同时节(春夏秋冬)的栽植技术的选用有所差异，同时，不同树种差异也很大，有些树种对季节敏感、有些不敏感，因此，要与季节因素综合考虑选用不同的栽植技术。树木栽植宜选择蒸腾量小、有利于根系及时恢复、可以保证水分代谢平衡的时期，一般在秋季落叶后至春季萌芽前。但春季严重干旱的地区，以当地雨季栽植为好。多数地区的种植时期集中在春季和秋季。在四季分明的温带地区，一般以秋冬落叶后至春季萌芽前的休眠时期为宜。就多数地区和大部分树种来说，以晚秋和早春为最佳。

3.3 常规栽植技术与方法

在植物栽植过程中，栽植技术与方法十分重要，它直接影响到植株的成活率和绿化效果。不同情况下应选用不同的种植方法，方法不当会影响树木的成活率，如在树木带土球移植时，土球入坑后如果回填土与土球接触不紧，产生空隙会影响树木成活；种大苗时不作修剪也会导致树木因水分蒸腾过多影响成活。

3.3.1 栽植技术的选用

栽植树木时，其成活的难易程度因树龄不同而不同，一般幼树容易成活，壮、老龄树则不宜成活。栽植成活的难易程度也因树种不同而不同，有些树种根系受伤后再生能力强，很容易成活，根系再生能力差的树种则较难成活。

依据树种的生长特性、树体的生长发育状态、树木栽植时期以及栽植地点的环境条件等，可视情况采用裸根栽植和带土球栽植方法。容易成活的树种可用裸根移植法，包装运输较简便。多数常绿树和壮老龄树以及某些难移活的落叶树，必须带土球移植(图 3-1)。对有些多年未曾移植过的大苗、大树、野生树及山野桩景树，为提高成活率，还须提前 2～3 年于春季萌芽前进行“断根缩坨”处理。

图 3-1　带土球移植法

3.3.2　栽植前的准备

栽植工作量因计划完成任务的大小而异。较大的植树任务常作为一项工程对待。村庄绿化施工的形式多样，对于规模较大，涉及设计的栽植工作，必须做好施工前的准备工作。即使对于一般小型的栽植，现场踏勘和施工前的准备也是必不可少的。

1. 了解工程概况

首先是通过工程主管单位和设计单位，明确全部工程的主要情况。包括施工范围和工程量、工程的施工期限、工程投资、设计意图、施工现场的地上与地下情况、定点放线的依据，以及工程材料的来源。

2. 现场踏勘

当了解工程概况之后，施工人员还必须亲赴现场，做好细致的现场踏勘工作，并且注意场地的立地条件如施工现场的土质情况、交通情况、水源电源情况，以及各种地上物情况。对于规模较大、施工期较长的绿化，需考虑如何安排施工期间必需的生活设施。

3. 编制施工组织设计

绿化实施前，首先对工程任务作出全面的计划安排。工程开工之前，合理细致的制定施工组织设计，保证整个工程中每个施工项目相互衔接合理、互不干扰，保证以最短的时间、最少的劳动力、最节省的材料、机械、车辆、投资和最好的质量来完成工程任务。

4. 施工现场的准备

清理障碍物是开工前必要的准备工作，其中拆迁是清理施工现场的第一步，具体而言主要是对施工现场内有碍施工的地物进行清理。如果是采用机械整理地形，还必须明确是否有地下管线，以免机械施工时损伤管线而造成事故。

3.3.3 栽植步骤与方法

树木的栽植程序大致包括放线、定点、挖坑、起苗、包装、运苗与假植、修剪与栽植、栽后养护与现场清理。草本植物多采用播种种植，涉及栽植的，其步骤和方法较为简单。下面将以木本植物为例介绍栽植的步骤和方法。

1. 定点

根据计划和施工设计，按比例将种植点放样于地面，确定各树木的位置。种植布局分为规则式和自然式。规则式如道路两旁的行道树，定点放线比较简单，可以地面固定设施为基准来定点放线，要求做到横平竖直、整齐美观。已建成道路两侧的行道树可依据路牙距离定出位置，再按规划设计的株距，用白灰点标出来。为确保栽植行笔直，可在每隔 10 株间距的位置钉一木桩作为行位控制标记。如果遇到环境与设计不符(有地下管线、地物障碍等)，应找设计人员和有关部门协商解决。定点后应由设计人员验点。

自然式的种植设计(可能出现于村庄大型公共绿地)，如果范围较小，或场地有与设计图上相符、位置固定的地物(如建筑物等)，可用“交会法”定出种植点。如果在地势平坦的较大范围内定点，可用网格法。按比例绘在设计图上并在场地上丈量划出等距的方格。从设计图上量出种植点到方格纵横坐标距离，按比例放大到地面，可以确定种植点。

定点要求：对孤赏树、列植树，定点出单株种植位置，用白灰点明后钉上木桩，写明树种、挖掘规格；对树丛和自然式片林定点时，依图按比例先测出其范围，用白灰标画出范围线圈。自然式绿地内除主景树需经确定点并标明外，其他次要同种树可用目测定点，但要注意自然，切忌呆板、平直。可统一写明树种、株数、挖掘规格等。

2. 挖坑

栽植坑位置确定之后，便可以根据树种根系特点(或土球大小)、土壤情况来确定挖坑(或绿篱沟)的规格。一般应比规定的根幅范围或土球大，大约应加宽放大 40～100cm，加深 20～40cm。坑挖的好坏对栽植质量和日后的生长发育有很大影响，因此对坑的规格必须严格要求。以规定的半径画圆(或正方形)，沿圆边向下挖掘，把表土和底土按统一规定分别放置(挖行道树坑时，土不要堆在道路中)，并不断修直坑壁，达到规定深度。使坑上口沿与底边垂直，上下面大小一致(图 3-2)，切忌挖成上大下小的锥形或锅底形；否则，栽植踩实时会使根系劈裂、卷曲或上翘，造成其不舒展而影响树木的生长。

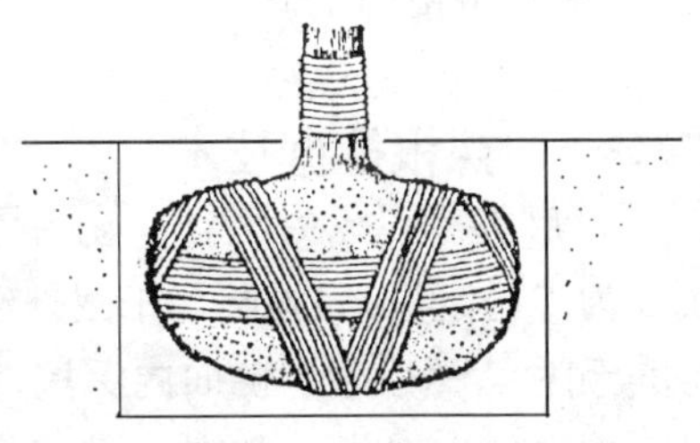

图 3-2　苗坑实例及其示意图

施工地为坚实土壤或建筑垃圾土时应再加大坑径，并挖松坑底；土质不好的应过筛或换土。在黏重土上和建筑道路附近挖坑时，可挖成下部略宽大的梯形坑；在未经自然沉降的新填平和新堆土山上挖坑时，应先在坑底附近适当夯实，挖好后坑底也适当踩实，以防栽后灌水土塌树斜(最好应经自然沉降后再种)；在斜坡上挖坑，深度应以坡的下沿一边为准。施工人员挖坑时，如发现电缆、管道，应停止操作，及时找设计人员与有关部门配合商讨解决。栽植坑挖好后，要有专人按规格验收，不合格的应返工。

3. 起掘

起掘出的苗木质量与原有苗木状况、操作技术和认真程度、土壤干湿、工具锋利与否等有直接关系。在起掘前应做好相关准备工作；起掘时按操作规程认真进行；起掘后作适当处理和保护。

（1）掘前准备

按设计要求到苗圃选择适宜的苗木，并作出标记，通常称作“号苗”。所选数量应略多，以便补充损坏或淘汰的苗木。对枝条分布较低的常绿树或冠丛较大的灌木、带刺灌木等，先用草绳将树冠适度捆扎，方便操作。为有利于挖掘操作和少伤根系，苗地过湿的应提前开沟排水；过于干燥的应提前数天灌水。对生长地情况不明的苗木，应选几株进行试掘，以便决定采取何种措施。起苗前应准备好锋利的起苗工具和包装运输所需的材料。

（2）起苗的方法与质量要求

按所起苗木带土与否，分为裸根起苗和带土球起苗。起苗方法与质量要求各有不同：

1）裸根苗的挖掘

绿化-1 裸根挖掘技术

落叶乔木以干为圆心，按胸径的4～6倍为半径(灌木按株高的1/3为半径定根幅)画圆，于圆外绕树起苗，垂直挖下至一定深度。切断侧根，然后于一侧向内深挖，适当按摇树干，探找深层粗根的方位，并将其切断。如遇到难以切断的粗根，应把四周土掏空后，用手锯锯断。切忌强按树干和硬切粗根，造成根系劈裂。根系全部切断后，放倒苗木，轻轻拍打外围土块，对已劈裂之根应进行修剪。如不能及时运走，应在原坑用湿土将根覆盖好，进行短期假植；如果长时间不能运走，应集中假植；干旱季节还应设法保持覆土的湿度。

裸根栽植多用于常绿树小苗及大多落叶树种。裸根栽植的关键在于保护好根系的完整性，骨干根不可太长，侧根、须根尽量多带。从掘苗到栽植期间务必保持根部湿润，防止根系失水干枯。根系打浆是常用的保护方式之一，可将移栽成活率提高20%。浆水配比为：过磷酸钙1.0kg＋细土7.5kg＋水40kg，搅成浆糊状。为提高移栽成活率，运输过程中可采用湿草覆盖的措施，以防根系风干。

2）带土球起苗

绿化-2 带土球挖掘技术

多用于常绿树，以干为圆心，以干的周长为半径画圆，确定土球大小。土球半径一般为苗木干径的7～10倍，苗木干径越小，干径/土球径的比值越小；干径越大，干径/球径的比例越大。土球直径在50cm以下，土质不松散的苗，可抱出坑外，放入蒲包、草袋(或塑料布)中，于苗干处收紧，用草绳呈纵向捆绕扎紧即可。

4. 运苗与施工假植

运苗时应注意保护，尤其长途运苗时更应注意，以避免所起苗木根系吹干和磨损枝干、根皮。

(1) 运苗

苗木出圃装运前，应该核对苗木的种类和规格，仔细检查起掘后的苗木质量。对已损伤不合要求的苗木进行淘汰，并补足苗数。为防车板磨损苗木，车厢内应先垫上草袋等物。乔木苗装车应根系向前，树梢向后，以顺序安放，不要压得太紧，做到上不超高(地面车轮到苗最高处不超过4m)，梢不拖地(必要时可垫蒲包用绳吊拢)，根部应用苫布盖严，并用绳捆好。

(2) 施工地假植

苗木运到现场后，未能及时栽种或未栽完的，根据离栽种时间的长短分别采取“假植”措施。

对裸根苗，临时放置可用苫布或草袋盖好。干旱多风地区应在栽植地附近挖浅沟，将苗呈稍斜放置，挖土埋根，一排排假植好。如需较长时间假植，应选不影响施工的附近地点挖一宽1.5～2m、深30～50cm、长度视需要而定的假植沟。按树种或品种分别集中假植，并做好标记。在此期间，土壤过干应适量浇水，但也不可过湿以免影响日后操作。

带土球苗1～2天内能栽完的不必假植；1～2天内栽不完的，应集中放好，四周培土，树冠用绳拢好。如囤放时间较长，土球间隙中也应加细土培好。假植期间对常绿树应进行叶面喷水。

5. 栽植修剪

树木栽植修剪的目的，主要是为了提高成活率和培养树形，同时减少对树体的自然伤害。阔叶树木在起苗时已经修剪的，栽植时可不进行修剪，但有些树木经过假植或运输等过程，损伤了树枝，栽植时需要再修剪。常绿树木，特别是针叶树木一般只去掉枯枝或损伤的树枝，不做重度修剪。对于萌芽力弱的针叶树木及一些阔叶树最好不进行大的修剪。

先在苗圃地粗剪，装运到现场后，第一时间摘叶或细剪。对已劈裂、严重磨损和生长不正常的偏根及过长根进行修剪。经起、运的苗木，根系损伤过多者，虽然为保证成活可以采用重修剪，甚至截干平茬，但这样就难保树形和绿化效果了。因此对这种苗木，如在设计上对树形有要求，则应予以淘汰。对干性强又必须保留主干优势的树种，采用削枝保干的修剪法。应对领导枝截于饱满芽处，可适当长留，同时控制竞争枝；对主枝适当重截饱满芽处(约剪短1/3～1/2)；对其他侧生枝条可重截(约剪短1/2～2/3)或疏除。对萌芽率强的可重截，反之宜轻截。对灌木类修剪可较重，尤其是丛木类；做到中高外低，内疏外密。带土球苗可轻剪，其中常绿树可用疏枝、减半叶或疏去部分叶片的办法来减少蒸腾；对其中有潜伏芽的，也可适当短截；对无潜伏芽的(如某些松树)，只能用疏枝疏叶的方法。对行道树的修剪还应注意分枝点，应保持在2.5m以上，相邻树木的分枝点要相近。较高的树冠应于种植前进行修剪；低矮树可栽后修剪。

6. 种植

种植树木，以阴而无风天最佳，应避开阳光强烈的时段，以防止根系失水，减轻树冠蒸腾，保证树木成活。晴天宜选择上午11：00前或下午15：00后的时段进行。

栽植前应先检查树坑，对土有塌落的应适当清理。

(1) 配苗或散苗

对行道树和绿篱苗，栽前应进一步按大小进行分级，使相邻近的苗木保持栽后大小趋近一致。相邻同种的行道树苗其高度要求相差不过50cm，干径相差不过1cm。按坑边木桩写明的树种配苗，做到“对号入座”，边散边栽。常绿树应把其树形最好的一面朝向主要观赏面。树皮薄，干外露的孤植树，最好保持原来的阴阳面，以免引起日灼。配苗后还应及时核对，检查调正。

(2) 栽种

1) 栽植深度和方向

栽植的深度应保持苗木原根颈处与地面持平。树干原泥痕是原生地入土深度，可作为苗木覆土标记。过浅过深都不利于苗木的生长。如有些树种的根系要求透气性好，栽植过深，根系生长不良，且容易造成腐烂。但栽得过浅，易倒伏，也不易成活。树木的北侧和南侧组织结构和抗性有所不同，朝西北方向的结构紧实，抗性强，比较大的树木应按原生长地的方向栽植，具体方向可参考挖掘时的标记。

2) 栽植方法

栽植方法因裸根苗和带土球苗而不同。

裸根苗栽植。裸根苗移栽应做到“三埋、两踩、一提苗”。先放苗入坑，比试根幅与坑的大小和深浅是否合适，坑的尺寸不足时应进行扩充。大苗木放入坑时要找准原来的生长方向。行列式栽植，应每隔 10～20 株先栽好对齐用的“标杆树”。如有弯干之苗，应弯向行内，并与“标杆树”对齐，左右相差不超过树干的一半，这样才会整齐美观。具体栽植时，一般两人一组，一人扶苗，另一人先填入湿润的表层土，约达坑深的 1/2 时，将苗木轻提一下，使根呈自然向下舒展，防止窝根。然后踩实(黏土不可重踩)，继续将土填满，再踩实一次，最后盖上一层土与地相平，然后填土到原根颈痕迹处或略高 3～5cm，再踩实。灌木覆土应与原根茎痕相平。最后用剩下的土在坑外沿树坑外沿做灌水堰，并将四周整理干净。栽植过程中要将苗扶正，防止歪斜。栽前应施底肥少许，以有机肥为主，回填土时应拌施有机肥，如泥炭土、粪肥、堆肥等。

带土球苗栽植。栽植时，先量一下土球高度与树坑深浅是否一致，不一致要进行调整。找准方向后，将苗放入，在四周垫少量土，将苗扶正，然后剪开包装材料并取出。填土到达一半时要夯实，填满后再夯实，注意不要捣碎土球，最后做好灌水堰。

(3) 注意事项和要求

栽植时的平面位置和高程必须要符合设计规定；树身上、下应垂直，如有树干弯曲者，注意行列整齐美观；注意乔灌的不同栽植深度；行列式栽植，注意发挥好“标杆树”的作用；灌水堰筑完后，将捆拢树冠的草绳解开取下，使枝条舒展。

在树木成活期，所采取的养护措施都是为了保证树木成活，还需要对树木的成活状况进行定期调查，检查树木的生长状况，发现问题及时解决。应统计树木成活率，分析死亡原因，总结经验教训，为以后的工作积累经验，为补植做准备。栽植完成后，在进行灌溉后如遇大风，应检查树木状况，对于歪斜的树木应及时扶正，保证树木健康成长。

7. 栽植后的养护管理

(1) 立支柱

为了防止较大苗木被风吹倒，应立支柱作为支撑(图 3-3)，多风地区尤应注意，沿海多台风地区，往往需埋水泥支柱以固定高大乔木。

图 3-3　双支柱、多支柱

1) 单支柱

用木棍或竹竿，斜立于下风方向，深埋入土 30cm，支柱与树干之间用草绳隔开，以防擦伤树皮，然后将两者捆紧。

2) 双支柱

两根木棍或竹竿，在树干两侧垂直钉入土中，支柱顶部捆一横档，先用草绳将树干与横档隔开，以防擦伤树皮，然后将树干与横档捆紧。

3）多支柱

三根或四根木棍或竹竿，在树干四周斜立于土中，支柱与树干先用草绳隔开(也可设置横档，保护树干)，以防擦伤树皮，然后将树干与支柱捆紧。

行道树立支柱，应注意不影响交通，支柱一般不用斜支法。如图 3-4，可用木棍紧贴树干进行维护。

图 3-4 行道树立支柱

(2) 灌水

水是保证树木成活的关键，栽后应立即灌水，干旱季节必须经一定间隔连灌三次，这对冬春比较干旱的西南、西北、华北等地区的春栽树木十分重要。

1）开堰

苗木栽植后，用土在原树坑的外缘培起高约 1.5cm 的圆形地堰，并用铁锹等拍打牢固，以防漏水。栽植密度较大的树丛，可成片开堰。

2）灌水

苗木栽后如遇无雨天气，必须在 24 小时之内灌第一遍水。水要浇透，使土壤充分吸收水分后与根系紧密结合，这样才有利成活。北方干旱地区无雨季节，苗木栽植后 10 天内必须连灌三遍水，每株每次灌水量因地区、季节、天气状况而不同。

(3) 扶直封堰

1）扶直

浇第一遍水后的次日，应检查树苗是否有倒歪现象，发现后应及时扶直。新植的树木由于根部没有扎牢，土层尚且疏松，若受大风和暴雨侵袭，可能出现土层泥陷、树干倾斜积水的现象，因此必须及时培土扶正，捣实并加支架以固定。

2）中耕

水分渗透后，用小锄或铁耙等工具，将土堰内的表土锄松，称“中耕”。中耕可以切断土壤的毛细管，减少水分蒸发，有利保墒（抑制水分沿毛细管上行至地表蒸发和直接经裂缝蒸发）。

3）封堰

第三遍水渗入后，用细土填平水堰，封堰土堆稍高于地面。土中如果含有砖石等杂质，应挑拣出来，以免影响下次开堰。华北、西北等地秋季植树，应在树干基部堆成30cm高的土堆，以保持土壤水分，保护树根，防止风吹摇动，影响成活。

（4）松土除草

树木、花草栽植后，因多次浇水及人工踩踏容易造成表土板结，会影响土壤的通透性能，导致土表雨水径流，因此应经常松土除草，确保表土疏松、无杂草的生长环境。

（5）成活期管理

一般第一年栽植后，经过一个冬季，第二年春天树木能够正常生根发芽，表明树木成活，这个阶段就是树木的成活期。冬季栽植的树木，应视为春季栽植的提前，成活期应到第二个春天。树木经过挖掘、运输移栽，如果破坏了根系，消耗了过多水分，打破了地上和地下两部分的水分平衡、养分平衡，成活就较为困难。成活期除了移栽时采取的各种技术措施外，还应在整个阶段采用相应的技术措施，保证树木的正常生长。大树移植后，可用输液的方式为树木补充水分。绿化树木的水分管理重在幼树，原则是保湿不渍，表土干而不白。高大乔木根深叶茂，一般不会因缺水影响生长。而灌木株型矮小，根系短浅，盆栽地栽都要注意防旱，保湿不渍才能使其正常生长。

夏季移植后的树木，应注意采取遮荫措施，必要时将树干缠绕塑料膜以减少蒸腾，还可在地表根系周围覆膜，以防止土壤水分蒸发。易日灼的地区或季节，还要用草绳卷干，防止树干发生日灼。根据树木生长情况和日照强度逐渐撤去遮荫网，发现树木萎蔫、枯死现象要及时采取措施。

另外，针对树种的不同特点也有相应的维护方法。萌芽力强的阔叶树，如国槐、柳树、杨树很容易产生大量的芽。移栽后，应修剪其在发芽阶段萌发出的过量芽，以减少水分消耗。主干上的芽应适量保留，以利于树木在成活期利用光合作用制造养分。对于分枝点以上的芽形成的枝，成活期过后可根据树形的要求进行修剪。外来的树木，特别是从低纬度到高纬度的树木，过冬时应采取防冻防风措施，如设置风障。为了保险，有些树种过了成活期应继续保护1～2年。在有些气候条件好的地方可不进行专门保护。冬季应经常检查风障的防风效果和状况，发现问题，如倒伏、破损应及时补救。

3.4 非适宜季节的移植技术

对于不能在适宜季节进行的植树绿化，需要有突破植树季节的方法。其技术可按有无预先计划，分成两类。

3.4.1 有预先计划的移植技术

绿化-3 有预先计划的非适宜季节移植技术

预先可知由于其他工程影响而不能在适合季节种植时，仍可于适宜季节起掘好苗木，并运到施工现场假植养护，等待其他工程完成后立即种植和养护。

1. 落叶树的移植

由于种植季节是在非适合移栽的生长季，为提高成活率，应预先于早春萌芽前带土球掘(挖)好苗木，并适当重剪树冠。如果带土球移植，所带土球的大小规格仍可按一般规定或稍大，但包装要适当加厚、加密些。如果只能提供苗圃已在去年秋季掘起假植的裸根苗，则应另造土球(称作“假坨”)，即在地上挖掘一个和根系差不多大的，上大下略小的圆形底坑，将蒲包等包装材料铺于坑内，将苗根放入，使根系舒展，干于正中。分层填入细润之土并夯实(注意不要砸伤根系)，直至与地面相平。将包裹材料收拢于树干捆好然后挖出假坨，再用草绳打包。为防暖天假植引起草包腐朽，可装筐保护。选比球稍大，略高 20～30cm 的箩筐(常用竹丝、紫穗槐条和荆条所编)。苗木规格较大的应改用木箱(或桶)。先填些土于筐底，放土球于正中，四周分别填土并夯实，直到离筐沿还有10cm高时为止，并在筐边沿加土拍实作灌水堰。

起苗后，要在距施工现场较近，交通方便、有水源、地势较高、雨季不积水的地方进行假植。每两行为一组假植，每组间距以满足运苗时装车和车辆通行为宜，一般6～8m，每行内株距以当年生新梢互不相碰为宜，假植坑深度为筐(箱)高的1/3。假植时，将装筐(箱)苗按树种与品种、大小规格分类放入假植坑中，筐外培土至筐高1/2，并拍实，及时浇水，保持土壤湿润。进入生长季，适当施肥、浇水及防治病虫害。雨季及时排水，适当疏枝、抹芽、去蘖，同时还应采取措施控制苗木徒长。

2. 常绿树的移植

先于适宜季节将树苗带土球掘起包装好，提前运到施工地假植。先装入较大的箩筐中；土球直径超过1m的应改用木桶或者木箱。假植行间留出车道和适宜的株距，放好筐、箱并在其外培土，进行养护待植。

栽植前，提前将筐(箱)外所培土壤扒开，停止浇水，风干筐，发现已腐朽的要用草绳捆缚加固。阔叶树要重度修剪树冠，修剪强度要根据树种特性和天气情况确定，必要时可以将树叶全部剪去。吊装时，要轻装轻卸，吊绳与筐间应垫块木板，以免勒散土坨。入坑后，取出包装物，填土夯实，栽植后及时浇水，必要时要采取遮荫措施。修剪伤口要涂漆，必要时树干缠绕塑料膜以减少蒸腾，以利于生根发芽。还可以在根系周围覆膜，以起到保墒增温的效果，促进生根发芽。

3.4.2 临时特需的移植技术

绿化-4 临时特需的非适宜季节移植技术

该技术适用于在没有预先计划，没有提前做好起苗、假植等准备工作时而进行的树木移植。必须做到随掘、随运、随栽，尽量缩短起苗、运苗和栽植时间，避免树木失水过多。

落叶乔木的夏季移植。夏季叶片已完全展开，是落叶乔木生长的旺盛期，按常规方法移植很容易伤根。由于冠幅大，蒸腾量较大，移植很容易造成树体脱水致死，因此应根据其生长习性采取相应处理方法。修剪后要立即起苗或随起苗随修剪。大树特别是针叶树移植，要“记取南枝”，切勿转向，否则树木易枯死。尽量带土球移植，如进行裸根移植，应尽量保留根系中心部位的心土。针叶树必须带土球起苗，可以用移植桶进行起苗。正常季节栽植大树，土球直径为树木干径的8～10倍；在非适宜季节栽植，其土球应比正常情况下大一些。对于1.8m以上的土球最好用木箱包装。打包前要将裸露根系剪平，剪掉折根、残根，根据树种及规格确定使用的ABT生根粉型号和浓度，在土球周围抹上生根粉溶剂或栽植后将ABT生根粉溶液随水灌入。在修剪疏枝时去掉当年生嫩枝，必要时可以修掉全部树叶，修剪口要涂漆，防止伤口水分蒸发和病虫感染。

各部分器官和组织抗寒力不同。根系最不耐低温，其次是树木主尖，树干部分最强。出现冻层之后，极度低温易冻伤根系。例如在正常移植季节栽植毛白杨一般不抹头，而在冬季对毛白杨采用抹头或适当截干的方法进行栽植，可提高毛白杨的越冬成活率。毛白杨是速生树种，主干顶端木质化程度差，保留主干栽植易冻伤主尖；并逐渐向下延伸脱水，致使树木干死。可将主尖抹掉1～1.5m来提高树体的抗寒力，从而提高越冬成活率。

夏季栽植常绿树同样需要对树木采取与落叶乔木类似的处理措施。夏季树木已充分展叶，蒸腾量大，移植时容易散失水分而发生萎蔫或落叶现象，因此掘苗后最好及时对树冠进行修剪，一般认为连枝带叶剪掉树冠总量的1/3～1/2最为适宜。移植时要剪掉枯枝、病虫枝；注意选好方向留好侧枝，大的剪口要涂漆。对常绿树夏季移植可进行疏枝，但要注意树形，不能出现偏冠；叶面追肥一般用低浓度的尿素等氮肥；干旱条件下，可对叶面喷施10～15倍的抗蒸腾剂来减少树冠蒸腾量；加强移植树木的病虫害防治，新移植的桧柏、云杉等常绿树木树势衰弱时，树木的枝、干和嫩梢易受天牛等蛀干害虫的危害，因此移植后要加强树木养护管理，增强树势，预防或减少害虫侵入。冬季移植常绿乔木要求对树木进行处理，对常绿树可喷施18～20倍抗蒸腾剂，减少树冠蒸腾量。在栽植之前施缓效肥，坑施保水剂，栽植后要搭好支架，防止倒伏，进行防风防寒处理，从而提高非适宜季节常绿树的移栽成活率并增强第二年春季树木的长势。

3.4.3 假植期间的养护管理工作

为保证树势均衡，除装筐时应进行稍重于适合栽植期的修剪外，假植期间还应经常修剪。修剪时以疏剪为主，严格控制徒长枝，及时去蘖，入秋后则应经常摘心，使枝条充实。

雨季期间应事先挖好排水沟，随时注意排除积水。

由于假植期间苗木长势较弱，抵抗病虫害能力较差，加之株行距小，通风透光条件差，易发生病虫害，故应及时防治。

为使假植期间的移植苗能正常生长，可以施用少量的氮素速效肥料(硫氨、尿素等)既可以根施，也可以叶面喷肥。

一旦施工现场具备了植树施工条件，应及时定植，方法与正式植树相同。注意抓紧时间，环环相扣，以利成活。具体应于栽前一段时间内，将培土扒开，停止灌水，风干土球表面，使之坚固，以利操作，如筐面筐底已腐烂，可用草绳加固。栽时连筐入坑底，凡能取出的包装物尽量取出，及时填土夯实并多次灌水，酌情施肥，加强养护管理措施。有条件的还应适当遮荫，以利其迅速恢复生长，及早发挥绿化效果。

3.5 绿化植物的土、水、肥管理技术

土、水、肥管理的优劣，直接关系到树木、花草的成活率及其景观质量。只有精心抓好绿化植物的管理养护工作，植物才可以发挥出良好的绿化效果，才能最大限度改善村庄环境，体现村庄绿化的生态效益和社会效益。

3.5.1 土壤管理

绿化-5 绿化植物土壤管理技术

土壤管理的主要任务是松土、除草、保持水分。植物栽植后，

由于多次灌溉，可能造成土壤板结，要及时进行松土，为新根萌发创造较好的条件。栽植培土不能过度，防止造成通气不良。

3.5.2 施肥

绿化-6 绿化植物施肥技术

常用肥料统计表 表 3-1

类别	种类	效用	用途
氮肥	人粪尿 鱼肥 硫酸铵 硝酸盐	迟效 迟效 速效 速效	基肥 基肥 追肥 追肥
磷肥	过磷酸钙 骨粉	速效 基肥	追肥 基肥
钾肥	硫酸钾 草木灰 氯化钾	速效 迟效 速效	基肥、追肥 基肥 基肥、追肥
有机肥	堆肥、泥炭土、粪肥 绿肥 有机混合肥料	迟效 迟效 稍迟效	基肥、土壤改良 基肥 基肥

施肥以氮、磷、钾为主，它们是植物生长必不可少的养分。常用的氮肥一般包括人粪尿、鱼肥、硫酸铵、硝酸盐等；磷肥如骨粉、鸟粪、过磷酸钙等；钾肥如草木灰、毛发等；有机肥包括粪肥、厩肥、绿肥、堆肥等(见表 3-1)。多年的生产实践表明，施用有机肥与无机肥相结合的混合肥，其肥效比施单性肥高。

1. 施肥方法

乔木树形高大，根系发达，根深幅广，种植时开坑后，填上肥沃客土高于坑底 30cm 后种植。在施肥方面，用肥种类以复合肥为主，小树少施，大树多施。灌木树形小，根系浅，根据土壤和树势施用适量的复合肥，液施与干施结合。观花观果灌木适当增施磷、钾肥，观叶灌木适当增施氮肥。

施肥方法可分为根部施肥和根外施肥两种，前者是将肥料施于根部，根部吸收后运到植株各部分加以利用，后者是将肥料喷施叶表或注入树干被植物利用。根部施肥一般采用沟施法，具体是以树冠的垂直投影划一圆圈，挖深一般约 30cm(具体沟深应根据土壤性质、根系深浅、肥料种类而定)、宽 25～30cm 的环状沟，将肥料放入后覆上土。此法肥料易与根部接触，不致损失肥分，肥效较高。小树结合松土过程可施液肥，大树在冠幅内地面均匀开坑干施，3 年以上的高大乔木原则上可不施肥。

2. 施肥时间

施肥时间根据肥料种类有所差别，一般以有机肥料为主的迟效肥，多作为基肥在冬季或秋季落叶后施用，冬季的基肥可以蓄水、保温促进根系发育，为次年树木生长创造条件。秋季施肥不能太迟，否则将延长树木的生长期，激起秋梢生长，造成树木未能木质化而受冻害。因此，要根据土壤性质、树木特点、气候状况、肥料特性等合理施肥。植后三年内，每年的春、夏、秋初各施一次。

草花一般不需要很多肥料，种植前施一次底肥。在生长阶段根据其长势进行添加，不同种类的差异较大。

3.5.3 灌溉与排水

水分是栽植成活期管理的关键因子。灌溉的目的首先是提供根系所需的水分，其次是经过灌溉使根系与土壤密切接触。

绿化-7 绿化灌溉与排水技术

1. 灌溉

(1) 灌溉时间

遇到干旱天气，在初栽 20 天左右的时间内，一般应连续灌3～4 次水。第一次灌水应在栽植后立即进行。灌溉后种植坑内如有塌陷，应及时填土踩实，防止根系外露；如土壤干燥、天气干旱、苗木出圃时间长，必须随栽随浇。第二次浇水可在第一次浇水后 4～6 天进行，再过 10 天左右浇第 3 次水，以后则可根据需要适时浇水，直至雨季为止。秋季移栽的树木可浇水两次，第一次浇水要求同上，第二次浇水在土壤封冻前进行。新植常绿树，除地面浇水外还要经常地向树冠喷水，以减少蒸腾。第一次、第二次灌溉最好浇灌，以利于土壤沉降和与根系的密切结合。遇干燥天气，最好向树冠喷雾，以降低温度，增加空气湿度，减轻枝叶的蒸腾。针叶树由于带有大量的叶子，蒸腾量较大，喷雾能有效促进树木成活。喷雾时间一般应在气温较高的时段，每天可喷 2～3 次。

（2）灌溉量

浇水多少可根据栽植坑规格、土质情况、栽植方法来确定。一般新栽植的树木第一次浇水量，裸根苗木浇水 7.50kg 左右，带土球苗木栽植 50kg 左右。

（3）灌溉注意事项

浇水时除用自来水外，使用其他水源时必须经过化验，证明对树木生长无害时方可使用。第一次浇水后要及时封堰，下次浇水时再重新开启，不要开启过早或者过深，注意勿伤根系。浇水时要防止急注冲根，如出现跑水、漏水、土壤下陷和树木倾斜等现象，应及时扶正、培土。每次浇水渗干后，要用细土封堰，栽植坑内缺土时应及时补充，同时要把倾斜的苗木扶正，并踩实表土。新植树木应在当天浇透第一遍水，以后应根据地况及时补水。黏性土壤要适量浇水；根系不发达树种，浇水量宜较多；肉质根系树种，浇水量少。秋季种植的树木，浇足水后可封坑越冬；干旱地区或遇大旱天气时，应增加浇水次数；干热风季节，应对新发芽放叶的树冠喷雾，喷雾在上午 10 时前和下午 3 时后进行，针叶树可喷聚乙烯树脂等抗蒸腾剂。

2. 排水

排水是防涝保树的主要措施。土壤水分过多，易引起根系死亡，特别是对耐水力差的树种更应抓紧时间及时排水。

排水的方法主要有以下几种：明沟排水，在园内及树旁纵横开浅沟，内外联通，以排积水，这是常用的排水方法；暗管沟排水，在地下铺设暗管或用砖石砌沟，借以排除积水，其优点是不占地面，但设备费用较高，一般较少应用。目前大部分绿地是采用地面排水至道路边沟的方法，这是最经济的办法，但需要设计者的精心安排。

3.6 其他绿化养护管理技术

苗木进入恢复期以后，在注意土、水、肥的管理的同时需做好自然灾害和病虫害防治等工作。

3.6.1 自然灾害及防治技术

绿化-8 自然灾害防治技术

一般的露地苗木可以正常越冬，特殊年份需稍加保护，可采用熏烟、涂抹、绑草绳、埋土、设置风障等方法。外地引进的树木，要逐步驯化，以适应当地环境。

冬季树木的养护管理十分重要，直接影响树木第二年的观赏价值和经济价值，应注意以下几方面：清除死树并补栽相同苗木；在11月初及时灌冻水，提高抗寒力；秋末冬初适当施肥灌水；在冬至前后进行整形修剪；于11月份进行树干涂白并清理杂草落叶。

北方冬季寒冷，需采取措施以保证引进的新型观赏树木安全越冬。一般可采用以下防冻防寒措施：首先，冰冻前7～8天(10月上旬)全园灌水，减轻冻害。其次，加强水肥管理，增强树势，提高树体防寒抗冻能力。然后，树干涂白(如图3-5)，绑缚草绳或稻草。白涂剂所用的药剂与配合量为生石灰10份，石灰硫磺合剂2份，食盐1.2份，黏土2份，水36份。在秋末木本花卉落叶后至土壤结冻前和早春花卉发芽前涂两次。用笤帚均匀涂在树干上，切勿向嫩枝上涂，可有效地防冻、防寒、防病虫危害。

图3-5 树干涂白

3.6.2　病虫害及其防治技术

绿化-9　病虫害防治技术

绿化植物在生长发育过程中会受到各种病原菌和病虫等有害生物的侵袭，影响其生长和观赏效果。观赏用树木或稀有树木若发生病虫害，即使能够治好，也会降低其观赏价值。所以在树木栽培养护中，应做到以防为主，要求有合理的株行距，合理施肥，合理修剪，及时中耕除草，以避免或最大限度地减少病虫害的发生。

常用的杀菌剂有：75％百菌清可湿性粉剂、50％多菌灵粉剂、粉锈宁、瑞霉素等；常用的杀虫剂有：峡喃丹、花保乳剂、煤污净、杀灭菊醋等。

1. 病虫害的防治

具体措施主要有如下几种：一是适地适树，在引进绿化植物时，对外来树苗进行必要的检疫，病虫害较轻者可用二氧化碳等熏蒸。二是改善树体卫生环境条件，清除枯枝落叶，修剪枝叶，保证良好的生长发育条件。三是除草施肥，注意不要在肥料中带来病虫源。注意保护益虫、益鸟。

2. 病虫害的治理

(1) 治虫的方法

主要有人工捕打、诱杀及喷药，使用药剂时应根据病虫的种类、生活习性，对症下药。治虫尽量减小对环境的破坏，例如对蛀干害虫可采取某些化学药物点涂虫孔、注药等方法进行除虫。药剂使用方法主要有喷粉法、喷雾法、熏蒸法、毒草饵和胶环法。

喷粉法：通过喷粉器械将粉状毒剂喷撒在植物或害虫体表面，使之中毒死亡，此法效率高，不需用水，对植物药害也较小，缺点是毒剂在植物体上的持久性较小，用量大，较不经济。

喷雾法：利用溶液、乳剂或悬浮液状态的毒剂，借助喷雾器械形成微细的雾点喷射在植物或害虫上。

熏蒸法：利用有毒气体或蒸气，通过害虫呼吸器官，进入虫体内而杀死害虫。

毒草饵：利用溶液状或粉状毒剂与饵料制成混合物，然后撒在害虫发生或栖居的地方。

胶环(毒环)法：利用 2～8cm 的专门性粘虫胶带，围绕在树干的下部，将毒剂直接涂在树皮上或涂在紧缠在树干上的纸带或草把环上，可以阻止或毒杀食叶昆虫爬到树上危害树木。

(2) 治病的方法

首先必须弄清病原、病史，然后采用相应的药剂。树木的病害一般有白粉病、花叶病、溃疡病、锈病等(见表 3-2)。喷药时应设立警戒区，以免人畜中毒。病虫害防治主要有人工措施、生物防治措施、物理防治措施和化学防治措施。光、电、热等物理办法在防虫上应用较多。林区可以尝试利用黑光灯、频振灯诱杀多种鳞翅目、鞘翅目成虫，收到良好效果。

常见病害及其防治 **表 3-2**

病名	易感树种	症 状	应用药剂及对策
白粉病	梅、紫薇等	5～7 月，叶与枝上具白色斑点	用代锌森、敌螨普、苯菌灵等农药
枝枯病	蔷薇、牡丹等	枝褐色化而致死	用代锌森喷洒，冬天用石硫合剂预防
肿瘤病	松、日本柳杉等	根与树干形成瘤状而肿大	切除病瘤，用铜水合剂等预防
锈病	绣球、栀子等	叶背面有红褐色斑点	喷洒代林锌、代森锰等农药，冬天用石硫合剂预防
煤污病	松、山茶、石榴等	叶与枝上有煤烟状霉发生	把造成虫害的蚜虫及介壳虫除掉
炭疽病	山茶、梅、杜鹃等	叶上形成黑褐色病斑并扩大	切除发病部分，喷洒代锌森、苯菌灵等
丛枝病	樱、毛泡桐等	小枝异常，不易着花	切除发病枝条，喷洒代锌森等药剂
灰霉病	杜鹃花等	枝、叶上产生病斑繁生霉菌	苯菌灵、无菌丹等药剂

3.6.3 树木树体的保护和修补技术

绿化-10 树木树体的保护修补技术

为了保证树木健康生长，对树体的保护可选择春季生长旺盛或秋季落叶时进行，而不是在树木生长最脆弱的时候进行。在修剪、注射时选择适当的位置，避免不必要的机械损伤等。

树体的修补，首先是清理伤口，除去伤口及其周围的干树皮，这样不仅能准确的确定伤口情况，同时能减少适宜害虫生存的场所。然后，伤口表面运用涂层保护，进行树皮修补，移植树皮。树体的修补技术近年来多用于古树名木的复壮与修复，也可用于村庄中的古树保护。

4 村庄绿化实施

目前，村庄绿化的目标是在保护好原有绿地的同时，充分利用村庄内空闲地“见缝插绿”，在尽可能经济实用的前提下，达到高水准的绿化效果。村庄绿化具体内容包括道路绿化、公共绿地绿化、水系绿化、宜林宜绿用地绿化、庭院绿化、附属绿地绿化及其他用地绿化等类型。

4.1 道路绿化

道路不仅包括硬化的路面，还包括路肩、边沟和道路边界线以内的范围。村庄道路除满足交通功能外，还是村庄绿化实施的重要区块。村庄道路绿化应满足驾驶安全、视野美化和环境保护的要求，一般包括分隔带绿化、路侧绿化和道路转角处绿化。

目前村庄道路绿化绝大部分是一板两带式，道路中间是一条车行道，在车行道两侧为不加分隔的人行道。绿化时，往往在人行道外侧各栽一排行道树。此法操作简单、用地经济、管理方便。道路两侧的树种配置以乔、灌为主，乔、灌、草结合，力求达到美观、生态的效果。

4.1.1 进村道路绿化

进村道路一般指连接各村庄的道路，主要满足村民出入村庄的交通需要。进村道路处于村庄生活区外围，其周边多是田地或菜园、果园、林带，绿化可以选择栽植树干分枝点较高，冠幅适宜的经济树种，谨防绿化树木影响到农作物的生长；不与农田毗邻的进村道路，可以栽植分枝点较低的树木，如桧柏等。乔木树冠下可种植灌木、草本等形成绿色廊道，美化村民的出入环境。经济条件较好的村庄，可用优秀园林观赏植物美化进村道路。

一般道路绿化是在道路两旁种植1～2排的高大乔木，如图4-1，北方某进村道路两旁种植杨树，道路两侧树下不做维护，自然生长的野草富有趣味。为加强绿化美化效果，也可在乔木间种植大叶女贞等常绿小乔木，或紫薇、黄杨、海桐球等花灌木。较窄道路的绿化，为了保持行进中能够看到田园远景风光，乔木下灌木修剪高度不宜高过0.7m或具有一定间距分散种植灌木丛。

图4-1 进村道路绿化

乡间小路绿化布置更为灵活，如图4-2为轻松随意的乡村小路绿化，有高大的水杉、葱郁的竹林相映成趣。

图4-2 乡村小路旁的柿树

经济条件较好的村庄可按“两高一低”的原则进行绿化，即在两乔木中间搭配彩叶、观花常绿树种或花灌木，达到多层次的绿化效果。

较高级别道路具有机动车道与非机动车道分隔带，通常在机动车道两侧设置分车绿带，在非机动车道外缘设行道树。两侧分车绿带的绿化植物不宜过高，一般采用绿篱间植乡土花灌木的形式。进村简易道路绿化不提倡使用围合绿带模式，石砌或砖垒的绿地边沿造价高也影响村庄的原始形态。

常见道路绿化的植物组合方式有：

● 落叶乔木与常绿小乔木间植

道路两侧用落叶乔木(杨树、水杉、五角枫、银杏、国槐、刺楸等)和常绿小乔木(女贞、黄杨等)间隔栽植(行道树中常绿树木与落叶树木的合理配置应该是3∶7，即常绿树木占30%，落叶树木占70%)，株距3m。

● 单种乔木行列栽植

道路两侧各栽植一行乔木，目前使用较多的有悬铃木、椴树、七叶树、枫树、银杏、鹅掌楸、香樟、广玉兰、女贞、槐树、栾树等，株距3～4m。苗木规格较大的速生乔木，间距以6～8m为宜。

● 经济林木与常绿灌木间植

道路两侧的经济树种(柿树、樱桃、杏树等)和常绿灌木(女贞、黄杨等)间隔栽植，株距3m。

● 常绿针叶乔木与常绿灌木间植

道路两侧的常绿针叶乔木(塔柏、龙柏等)和常绿灌木(小檗、女贞、黄杨等)间隔栽植，株距3m。

4.1.2 村内主要道路绿化

村内主要道路是指村庄内各条与村庄入口连接起来的道路，具有车辆交通、村民步行、商贸和村民人际交流等功能。

对于一般规模的村庄，主要道路只有一条或几条，肩负着村庄的主要交通、商贸流通等功能，展现着村庄的风貌，应重点绿化。由于该类型道路的使用率和通行率均较高，其绿化应美观大方，保证视野开阔通畅。

一般的村庄内道路较窄，不存在机动车与非机动车的分隔带，仅需在两侧进行绿化。道路两侧的绿化布置不宜过于繁琐，以实用、简洁、大方为主(图4-3)。也可在不妨碍通行的位置种植落叶阔叶树种，

图4-3 某村庄主要道路

起到为村民提供遮荫、纳凉和交往空间的作用。

具体绿化布置：

可考虑统一树种，统一要求各家门前的植树位置，形成一街一树、一街一景的特色。对存在于道路一侧的宽敞空地，可以种植一些枝下高度较高的孤赏大树，布置少量的休息座椅，形成一个适宜休息、闲谈的交往空间，体现提供人际交往场所的功能。

从车行道边缘至沿街建筑之间的绿化地段，统称为人行道绿化带，适宜栽植行道树。在种植行道树时，应充分考虑株距与定干高度。在人行道较宽、行人不多的路段，行道树下可种植灌木和地被植物，以减少土壤裸露和道路污染，形成具有一定序列的绿化带景观，提高防护功能，加强绿化效果。

村庄原始形成的主要商贸街道，路面宽度较窄，种植带宽度较小，应以种植灌木为主，并应灌木、地被植物相结合。图 4-4 是村庄道路旁预留空地的绿化，统一绿化的同时添加了村民自主种植的蔬菜，郁郁葱葱。此方式可用于建筑与道路间的划分，也可以根据道路现状设置行道树种植槽。

图 4-4　路旁绿化举例

道路两侧可以种植树体高大、分枝点较高的乡土乔木，间植常绿小乔木及花灌木；也可以栽植果材兼用的品种，如选择柿树等高主干式的经济果木为行道树，再配置一些花灌木；为了调节树种的单一性，在适当区域可选择树型完整、分枝低、长势良好的其他乡土树种，再配置常绿灌木或花灌木；经济条件许可时，行道树可选择档次较高的园林树种。图 4-5 为一些应用较多的行道树组合方式，富有高度变化，景观效果较为丰富。这些组合方式可用于道路两侧绿化，在较窄道路上可简化为单侧(图 4-6)。

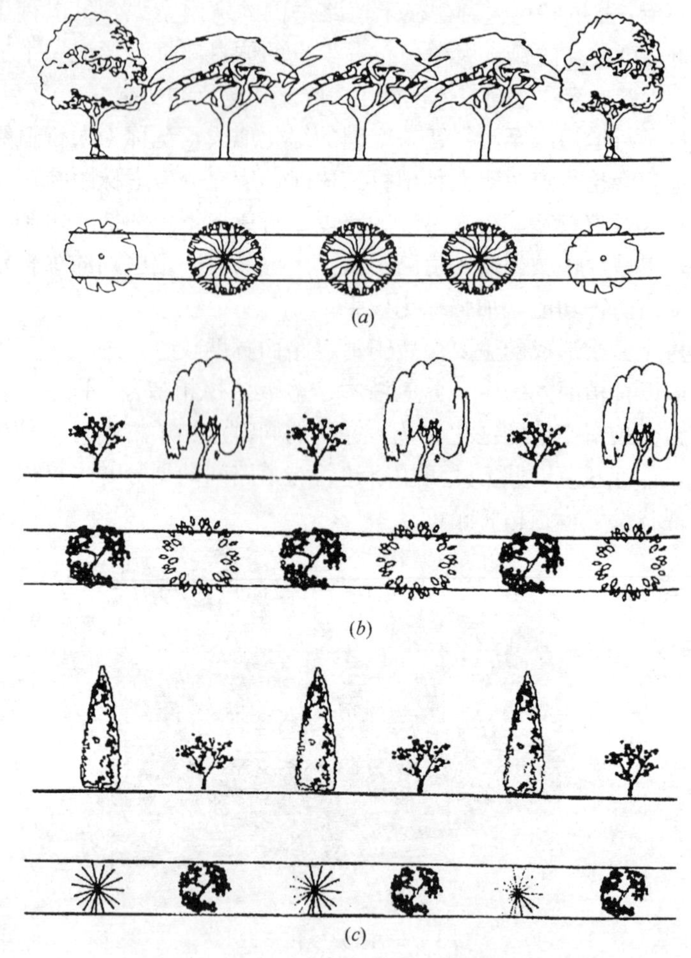

图 4-5 道路绿化布置示意图

(*a*)栾树、合欢；(*b*)碧桃、柳树；(*c*)塔柏、榆叶梅

注意事项：为保证车辆在车行道上行驶时，驾驶者能够看到人行道上的行人和建筑，人行道绿化带上种植的树木必须保持一定的株距，一般来说不应小于树冠的两倍。为保证其正常生长，便于消

防、急救、抢险等车辆在必要时穿行，行道树种植株距不应小于4m。枝条横向伸展的高大乔木如法国梧桐，间隔8～10m；枝条斜向生长的合欢、杨树、槐则可以间距5～6m；如果是直立型的松柏，有3m的间距才不会显得太稀疏。行道树不仅要整齐，还应考虑开放度的需要，在含商业建筑的街区，店面前种树不可太密。民宅区道路绿化植物可以种植的密一些，如图4-7，村庄内接近住宅的主要道路绿化应层次丰富，绿化效果好。

图4-6 较窄道路一侧绿化

图4-7 层次分明的村庄道路绿化

以上是主要道路常见的绿化模式，具体到某一村庄，需综合考虑当地条件，确定道路绿化的树种和模式。路面或人行道两侧的绿化边缘处建议采用灌木丛或地被植物塑造自然柔性的边界，除非地形需要，一般不采用砌筑的绿化形式。

4.1.3 村内次要道路绿化

村内次要道路，主要包括村内住宅间的街道、巷道、胡同等，属于主要道路的连接道路，具有交通集散功能，更是村民步行、获取服务和进行人际交往的主要场所。

次要道路是最接近农户生活的一种道路，对于家门口的绿化，可布置的温馨随意，作为庭院绿化的延续扩充。村内次要道路级别较低，宽度较窄。同时村庄内建筑排列不整齐，住宅间距也不一致，道路不规则，其绿化具有一定的局限性，在植物布置时需更具针对性。

村内次要道路往往只有 2～3m 宽，由于重视度不够，卫生和绿化条件较差。在进行绿化时，首先结合村庄整治，清理不整洁的地面，改善立地条件，以保证绿化实施的效果。绿化较好的次要道路能给人舒适、惬意的感觉(图 4-8)。

具体绿化方式有：

在不影响通行的条件下，可在道路两侧各植一行花灌木，或在一侧栽植小乔木，一侧栽植花灌木；两侧为建筑时，可以紧靠墙壁栽植攀缘植物。图 4-9 的道路一侧为建筑、一侧为河道，受宽度限制，只在建筑一侧布置络石，生态美观。

图 4-8　绿化较好的次要道路

图 4-9　络石布满院墙

可设横跨道路的简易棚架，种植丝瓜、葫芦等作物。将前面提到的经济林木应用到农户的庭院门口道路一侧，既可起到庭院的防护、遮荫的作用，也能带来一定的经济收益。

道路拐角处可以种植低矮的花灌木或较高定干高度的乔木进行绿化美化，增添生活趣味，如图 4-10。

图 4-10　道路拐角处绿化

对于某些较窄的小路，可根据情况调整为单侧绿化，如图 4-11，道路一侧种植了大量绿篱，间隔开了硬化路与裸露地面，绿化效果良好。道路、绿化植物与农舍一起形成了优美的乡村画卷。

对于村庄内存在的菜园地道路可选择生长力较强的蔬菜覆盖边坡，在营造良好的绿化效果的同时节约土地，经济、美观、实用(图 4-12)。

图 4-11　住宅旁的小路绿化

图 4-12　菜畦边的小路绿化

4.1.4 道路绿化树种选择与应用

1. 选择原则

- 首先考虑乡土树种，选用体现当地特色的品种。
- 选择具有安全性、经济性和舒适性特点的树种，即选择生长快、耐瘠薄、抗逆性强、病虫害少的树种。
- 选用树干通直、挺拔、树姿优美、树冠冠幅大的落叶阔叶树种，以利夏季绿荫满地，冬季落叶后阳光透过。
- 根据当地气候条件，结合防风防沙、保持水土的需要选择树种。
- 在不妨碍满足功能以及生态、艺术上要求的同时，可考虑选择一些对土壤要求不高、养护管理简单的果树，如枣树、山楂、柿树等；也可选择观赏价值和经济价值均很高的芳香植物，如玫瑰、桂花等，以充分发挥园林植物树种配置的综合效益。

2. 常用树种

(1) 华北、西北东南部、东北南部

臭椿、毛白杨、加拿大杨、刺槐、核桃、柿树、旱柳、水曲柳、香椿、桑树、槐树、白蜡、榆树、楸树、栾树、元宝枫、新疆杨、银白杨、梓树、金枝槐、悬铃木、合欢、苦楝、毛泡桐、紫穗槐

(2) 东北大部

小叶杨、水曲柳、柳树、白杨、榆树、槭树、红松、落叶松、油松、云杉、青杆、椴树、柏树

(3) 华东、华中、西南东南部

桑树、榆树、香樟、朴树、泡桐、悬铃木、桂花、榔榆、银杏、三角枫、栾树、香椿、楸树、枫杨、苦楝、乌桕、赤杨、石楠、紫楠、杉木、檫树、油茶、茶、核桃、水杉、柳树、马尾松、柏木、棕榈

(4) 西南西北部

楠木、香椿、香樟、喜树、桉树、柏木、梧桐、泡桐、柳树、

枫杨、桤木、杉木、华山松、油桐、油茶、核桃、棕榈、油松

(5) 西南西南部

杨树、桉树、柳树、楸树、水冬瓜、乌桕、冲天杨、华山松、楠木、柏木、云南松、油松

(6) 华南

香樟、桉树、榕树、凤凰树、红椿、苦楝、石栗、木棉、水松、柳、杉木、马尾松、相思树、木荷、枫香

3. 应用——行道树

行道树是指位于道路两侧，给车辆及行人遮荫并构成街景，具有一定间隔、成排种植的树木。

行道树的冠形由栽植地点的环境决定。一般公路干道或较为狭窄的巷道，可以以自然式冠形为主。自然式修剪，需按树种有无中央主干分别对待。凡有中央主干的树种，如杨树、马褂木、水杉、池杉等，侧枝点高度应在 2.5～3m 以上，下方裙枝需疏除，特别是在交通视线不良的弯道和叉路口等区段，要开阔视野，以免引发交通事故。无中央主干的树种，如柳树、榆树、槐树等，分枝点高度宜控制在 2～3m 处，树冠自然成形。

行道树的高度，在同一条干道上应相对保持一致。在路面较窄的地段，以 3～3.5m 以上为宜；在路面较宽或步行商业街上，可降至 2.5～3m；分枝角度小的树种可适当低些，但也不能低于 2m。每年应及时调整树冠的侧枝生长方向，以保持冠形的统一规整，并解除对架空线路的干扰，照顾邻近建筑物的安全和采光。在道路绿化植物配置时，要充分考虑车辆行人的安全，避免产生视觉干扰。村庄道路交叉口视距三角范围内不得有任何阻碍驾驶员视线的高大乔木，绿化高度控制在 0.7m 以内。

4.2 公共绿地绿化

村庄的公共绿地主要是指为全村居民服务的广场绿地、小公园、小游园绿地、休闲绿地等。随着人们精神需求的提高，公共绿地愈加显示出重要作用。高品质的公共绿地可为村民休闲、游玩、

设计成功的村庄公共绿地，将是村庄中人流汇集的场所，是人们进行各种活动的载体，最能体现村庄的个性和特色。总体说来，村庄公共绿地在规划时要留有足够的活动空间，并用绿化作为分割，以满足不同人群的需求。通常可用小花坛、树池座椅、花架长廊等方式来弱化分区，形成儿童玩耍场地和老人休闲场地之间的自然过渡。如图 4-15 为村民健身、休息的小广场，一排青桐将广场与道路分隔，留足了活动场地，形成独立空间。图 4-16 是南方某村庄的一块小型公共绿地，绿地利用村庄一角的空地建成，并设有一些健身器材和休息设施，供人们锻炼和休息。因绿地面积偏小，绿化时只种植了桂花、黄杨、枸骨、紫薇等灌木和小乔木，并无高大乔木。为使空间富于变化，设计者还对小绿地进行了微地形处理，并铺设了耐践踏的草坪，方便村民在草坪上聊天、晒太阳。

图 4-15　村庄小广场

图 4-16　村庄小型公共绿地

村庄公共绿地不仅是村民活动频繁的地点，同时也是村庄绿化的亮点所在。树木选择方面宜采用形态色彩俱佳的树种，如雪松、香樟、广玉兰、圆柏、白皮松等常绿乔木；梧桐、火炬树、海棠、元宝枫、白玉兰、五角枫等落叶乔木；柑橘、山茶、黄杨、珊瑚树、水蜡、十大功劳、枸骨、月季等常绿灌木；榆叶梅、连翘、金钟花、棣棠、珍珠梅、锦带花等落叶灌木；紫藤、凌霄、薜荔等藤本；万寿菊、紫茉莉、一串红、鸡冠花、野菊、雏菊、孔雀草、半支莲、二月兰等草花地被。具体配置时，应充分结合本地气候环境，在适地适树的前提下，注意常绿与落叶、观花与观叶树种的合理搭配，并综合考虑树木的色彩、形态、体量，以及开花植物的花期，采用乔木、灌木、草花、藤本相复合的绿化形式。绿化的平面布局应讲求点、线、面协调配置，力求创造优美、实用的村庄公共绿地。

有些村庄具备一定的公共绿地，但是由于规划设计不到位，致使其无法满足村民日常休闲的需要。例如，有些公共绿地硬质铺装过多，绿化面积太少，导致夏季温度过高，冬季一片萧条；有些绿地缺乏足够的休息设施，村民只能短暂伫立，难以长时间逗留；有些绿地的休息设施缺乏高大树木遮荫，直接影响了夏季的使用情况；有些公共绿地在树种搭配上没有考虑季节性，过多应用常绿树种导致缺乏季相变化，或过多应用落叶树种导致冬季景观过于单调；还有些公共绿地过多铺设草坪，不仅生态作用差，而且维护成本高。图 4-17 为北方某村庄广场，场地中间设有大面积水泥铺地但缺乏高大树木遮荫，不利于村民使用；图 4-18 中的小游园缺乏常绿树种，冬季景观过于萧条。

图 4-17　空旷的广场

图 4-18　广场冬季景观单调

4.3　村庄水系绿化

水是村庄景观的重要组成部分，与村民的生活息息相关。特别是在江南地区，许多村庄依水而建，或沿水两侧而建，或围绕河口而建，形成了河流、溪水傍村、穿村的景象。村庄水系绿化应综合树木栽植和地被覆盖，实现河道岸坡绿化美化，全面提升农村河道的引排功能、生态功能和景观功能，实现“水清、畅通、岸绿”的农村水环境。一般来说，村庄水系包括湖泊、江河、溪流、水库、池塘和沟渠等形式，其中河(溪)、池塘和沟渠等形式较为普遍，是村庄水系绿化的重点。

自从乡村普及饮用水以后，农户对于水域的清洁维护意识有所淡漠，村庄水环境污染现象严重。农村河道普遍淤积，各类河道河床逐年抬高，水面宽度日益缩小，严重影响了河道的行洪排涝、灌溉引水及交通航运功能，还造成河道污染、水质恶化，破坏了原有的生态系统，严重危害到农民的生活质量，如图 4-19。村庄绿化整治时应清除垃圾，清理、疏浚河道，还村民一个良好的生活环境，并且通过绿化种植增添河道的美感，提高村民的生活质量。

图 4-19 村庄河流现状

4.3.1 村周水系绿化

村周水系涉及进入村庄的河流水质和村民生活的大环境，在一定程度上代表着一个村庄的形象，是村庄水系绿化的一项重要内容。村周水系绿化根据所处地势地理条件的不同，其措施也相应有所区别。

1. 河流

平原地区的村庄河流一般为小支流，具有较为平整的河床，流动较为缓慢，水量小时可能出现裸露的细砂或河泥。村庄绿化时重点对其进行生态恢复，可采取的措施有：

对于连接堤岸的水滨缓坡，可种植具有发达根系的地被植物以保持水土，保证堤岸的安全性，带来一定的景观效果。

堤岸上方可建植经济林木，形成良好的生态环境，为村民带来高质量的生活，同时为村庄带来经济收益。河道两侧留土为 1m 宽时，可作单行种植。一般单行宜种植高大耸直的乔木，这样既美观大方，又有利于河道作业和交通安全；河道两侧留土在3～4m宽时，则可种植两行，树种搭配上要注重常绿与落叶、树高与带宽的搭配，还可根据需要少量搭配一些灌木等；河道绿化通道建设一般在三行以上，具体根据土地的使用情况而定，一般结合河道景观建设，建设与四周环境相协调的绿色风景线，可充分利用建设土地范围内平缓的坡面情况，种植有观赏价值的乔灌木、花卉等。

原本存在覆盖面积较广的水边植物时，需略作整改，不加人工绿化，只对那些由于人为活动破坏的水滨进行植被恢复。仿照自然水岸的植物配置，保证水流通畅，植物丰富且具有层次性，达到良好的绿化效果。

河道绿化种植间距：大乔木株距一般为2～5m，可根据不同的树种确定，水杉等竖立小冠幅树种可小到2m，香樟等大冠幅树种可大到5m。种植两行以上的，行距一般为2～4m，具体可根据树种冠幅而定。

对于水流较小，河道较为蜿蜒曲折的河流溪水，如图4-20，在水流通畅、灌溉便利的情况下尽量保持其原始状态。淤积或污染的河道，应适当加以清理和疏浚，以恢复清澈通畅的溪流原貌。溪流两侧可以种植适生的野生花灌木，以丰富色彩、美化田园环境。对于山地溪涧，应以保持水流两侧的生态原貌为主，适当加以整治、疏浚，形成流畅的溪流水道。

图4-20 自然式河道绿化

河道绿化的苗木规格要求：靠近村庄的河道绿化应当选择树干挺直、树形美观、长势良好、规格整齐、无病虫害的苗木，苗木胸径不小于4cm，树高不低于3m，严禁使用劣质苗木。对于某些村庄外围河流，在不影响农田种植的条件下，可以扦插种植树木幼苗，使其自然成林。

2. 沟渠

沟渠是沉积层面上的水流冲蚀痕迹，一般宽0.5～2m，深20～50cm。沟渠内一般水量小，流速慢，枯水季节甚至断流，丰水季节可起到排洪泄洪的作用。人工挖掘的供水、排水沟渠，分为水泥和泥土两种河床。水泥河床会阻碍水分的渗透，破坏了生态环境，绿化时应加以生态恢复。

图4-21 沟渠边坡村民种植蔬菜

村庄外部沟渠一般管理较少，现状较为凌乱。如图4-21，村民在沟渠边坡种植大量耐水湿蔬菜，绿化效果较好，但是环境保护跟不上，视觉效果较差。

对于较为宽阔的沟渠，建设缓坡自然式河岸，堤坝上种植单一或存在骨干树种的林带，形成一种两岸碧树夹一水的景观模式。较为狭窄的沟渠，可以在周围列植较低矮的果树，减少水分蒸发和水土流失。沟渠绿化时应注意沟渠的疏浚、垃圾的清理，保证水流通畅。在农村得天独厚的条件下，恢复措施主要是保护环境、禁止乱砍滥伐。

3. 池塘、湖泊

湖泊是指陆地上洼地积水形成的、水域比较宽广、流动缓慢的水体。一般来说，湖泊面积较大，其周围的自然条件较好，可以不做人工的绿化布置。对于人工砌筑驳岸的湖泊环境，应适当加以恢复利用，植树种草，体现田园风光。图4-22为维护较好的村庄边缘水环境，水岸植有成排树木，水中散置水生植物，绿化效果较好。

图 4-22　村边水体绿化

4.3.2　村内水系绿化

村庄内部的水系，对于村庄的环境整治和美化具有重要作用，绿化时将加以重点规划。

1. 河流

村庄内的河流绿化。天然河流具有良好的原始形态，适当加以绿化后可以成为适宜村民户外活动的好去处。

当河流距村庄建筑较远时，可在保护河流两岸原有植被的基础上，修建绿化带。绿化带上层以高大乔木为主，一行或两行种植在靠近车行道一侧，中层以灌木为主，地面植以花卉，形成绿色地毯。经济条件允许的村庄，可以在绿化带上点缀些园林建筑和装饰小品，提高绿地的档次。注意在清澈的水面附近不宜布置过密的植物，以便能够观赏到倒影。

在河流较宽，经济条件较好的村庄河道规划中，可在适当位置设置堤坝，截流水资源，形成一定规模的水面，并且在其附近进行园林式绿化建设，形成优美的滨河公园。

传统村庄内部河流两旁经常修筑有台阶，以方便农户下河洗衣洗菜。此时，可以借助一些基础设施建设，形成一种生活交往场所。绿化时在台阶附近种植高大乔木树种(图 4-23)，提供遮荫且营造良好的交往空间。

图 4-23 河道台阶处种植乔木

村落中的小型河流建议保持原貌，清理疏浚后，恢复良好的自然景观。如图 4-24 为江南某村庄内河流现状，水岸裸土较多，建议以地被植物覆盖同时间植冠大乔木，营造村民交往的良好空间场所。

2. 池塘

通常，池塘都是没有地面入水口，依靠天然的地下水源和雨水或以人工的方法引水进池形成的水面。根据使用功能来分，池塘一般包括：鱼塘、莲藕、菱角池、鸭鹅放养池，以及未开发的天然水塘。其原始形态中已经存在了一定的水生植物品种，绿化整治工作主要是对池塘边坡进行维护。村庄内存在一些废弃的池塘，由于疏于管理维护，变成了垃圾堆放地，原本优美的水环境成为村庄整洁形象的死角，如图 4-25，废弃的村内池塘被垃圾填充，并带有异味，影响村民的生活。

图 4-24 村庄内部河流现状

图 4-25 废弃的村内池塘

边坡绿化采用建设生态护岸，铺设保持水土的地被植物，例如马蹄金、酢浆草、白三草等，另外可以适当点缀种植黄水仙等湿生花卉进行美化。近水面处可栽植菖蒲、鸢尾等观花植物，共同创造优美景色。这样绿化的水塘，可以作为一种良好的户外活动空间加以开发利用。

对于处于村庄内部的池塘，水面周边一般不会有很开阔的绿化范围，以常绿灌木沿岸绿化为主，零星种植树形美观的孤赏树为辅来进行植物布置。

在出入口以外的水塘边坡可撒播统一品种的草籽，形成整洁的空间界限；适当间植多年生花卉或者开花小灌木作为点缀，丰富色彩。

对于周边较为开阔的水塘，可种植围合的防护林带，排除外界对水域的干扰。水边植物材料选择上注意植物的生长习性。一株桃树一株柳是水岸绿化的一般模式，在水塘绿化时可以加以考虑。

3. 沟渠

村庄内部居住人口较多，沟渠较为少见，通常出现于菜园地范围。如图 4-26 自然缓坡沟渠可以种植耐水湿蔬菜；人工沟渠可以种植乔木进行绿化美化。一些经济条件较好的村庄，有采用暗沟暗排的方式布置沟渠，但经济管护费用较高。

图 4-26　村庄菜园地沟渠

4.3.3　水系绿化原则和植物选择

1. 原则

在村庄河道绿化工作中，应坚持因地制宜的原则，对河道绿化实行宜树则树、宜草则草；对原有树木，能保留的则尽量保留；在一些绿化示范性河道植物选择上要求夏季能见花、冬季能见绿；对道路两侧的河塘，结合新农村建设，种植一些错落有致的景观植物；对远离村庄或道路的河道，种植一些经济植物。

对于原始或传统村庄(即自发形成的村庄聚落环境)，保留原有的河滨植物，规划补足绿量，形成一定的绿化规模和模式；对于整治后的村庄水系，应根据自然条件，结合原有的沟、河、溪流和池塘设置水景，避免为造景而人为开挖建设破坏水景。同时，乡村河(溪)具有多样化的水流形态，可以作为依托开发各式各样的水域及水岸游憩活动。

2. 植物选择

植物选择注意结合水生湿度的要求进行配置。河道绿化设计时，要选择适合本地生长的乔灌木和地被植物，树种要耐湿、耐修剪，抗病虫害能力强，推荐使用水杉、池杉、落羽杉、垂柳、杜英、重阳木、湿地松等绿化树种，在满足乡土植物品种的前提下，尽量丰富种类，形成良好的乔灌草植物群落(表4-1)。

水环境植物应用举例 表4-1

布置方式	应用举例
岸边种植	旱柳、垂柳、沙柳、蒿柳、小叶杨、沙地柏、圆柏、侧柏、水杉、苦楝、枫杨、白蜡树、连翘、榆、榔榆、乌柏、樱花、杜仲、栾树、木芙蓉、木槿、夹竹桃、爬山虎、葡萄、紫藤、紫穗槐、柽柳、毛茛、长叶碱毛、柳叶菜、毛水苏、华水苏、薄荷、陌上菜、婆婆纳、豆瓣菜、藨草、水毛花、水莎草、花穗水莎草、红磷扁莎草、竹节灯心草、小花灯心草、细灯心草、扁蓄、红蓼、丛生蓼、酸模叶蓼、柳叶刺蓼、杠板归、刺蓼、戟叶蓼、大戟叶蓼、白茅、拂子茅、荻、薏苡、牛鞭草、湿生匾蕾、千屈菜、水竹叶、花菖蒲、鸢尾、海寿花、燕子花、溪苏、洋水仙
水中种植	挺水型：鱼腥草、三白草、水蓼、水生酸模、莲子草、莲、白花驴蹄草、豆瓣菜、水田碎米芥、猪笼草、合明、水苋菜、水芹、水苏、薄荷、香蒲、水烛、野慈姑、慈姑、泽泻、花蔺、芦苇、水葱、纸莎草、伞草、再力花、菖蒲、石菖蒲、水芋、鸭舌花、雨久花、旱伞草、花叶芦苇、花叶香蒲、梭鱼草、荸荠 浮水型：莼菜、萍蓬草、芡实、睡莲、眼子莲、浮叶慈姑、凤眼莲、菱、荇菜、莕菜、浮水蕨、龙骨瓣莕菜 沉水型：龙舌草、水筛、金鱼藻、水车前

4.4 宜林宜绿用地绿化

4.4.1 村庄内空地

一般村庄往往缺乏对土地的长效规划管理，多年的自由发展后，很容易出现一系列问题。如有的村庄房屋布局分散、随意，致使村内出现了很多空杂边角等荒芜地块，这些地块往往演变为杂物、垃圾堆放地(如图4-27)。它们不仅严重影响着村容村貌，而且由于缺少绿化植物的覆盖，起风时风尘很大，容易给村民的身体健康带来危害。因此，对这些土地进行绿化既有利于生态环境改善，也有益于村民身体健康，是村庄绿化整治中必须解决的问题。村庄绿化整治工作可与宅基地清理、垃圾处理等工作相结合，因地制宜地开展。对于面积较小的地块，可见缝插绿栽植树木；对于面积较大的可种植经济林木，如北方可发展小果园、南方发展小竹园等，以创造经济效益；对于在村中区位好、面积大的空地，可规划建设小游园、小花园等公共绿地，绿化时可以落叶大乔木为主，配以常绿乔木、花灌木、地被草花等，设置石凳、桌、椅等供居民休息，有条件的还可设置儿童活动和成人健身设施，供孩子游玩及村民锻炼。

图 4-27 村庄内可绿化的空地

一些村庄街道的拐角处往往成为垃圾倾倒场所，杂乱的死角严重影响了村庄形象。如图 4-28，某村庄的道路拐角处堆积着烂菜叶、砖头、石块等，村庄整治时，应将垃圾清理后进行绿化。为不影响行人视线，可栽植低矮的灌木或小乔木。还有些村庄村民住房外缺乏基础绿化，大块的地面土壤裸露或堆放杂物。如图 4-29，某村庄一户民居墙外有大块空地，用于放置杂物和停放汽车。整治时，可将杂物清理后，在墙下栽植适宜宽度的灌木与花卉，或种植蔬菜、果树，以软化建筑物立面，营造颇具亲切感的小景，提升村庄的环境质量。

图 4-28 可绿化的道路拐角

图 4-29 可进行基础绿化的民房

另外，村庄内部分空地是用来从事农业活动的，如打麦场、晒谷场等。此类空地属间歇性闲置，不适宜进行覆盖性的绿化。可将其周围做围合式绿化，用乔木限定边界，用花灌木点缀边角。为满足场地采光需求不宜种植高大乔木，应种植冠幅较窄的小乔木，适当位置可点缀冠大荫浓的树木以供村民遮荫。不少村庄还有一些不宜修建建筑的地段处于废弃状态，村庄绿化整治时，应尽量加以利用，这样既能提高绿化覆盖率，又能美化村民居住环境，还能充分利用土地。

4.4.2 围庄林带

村庄是村民生活的主要场所，在其外围营造绿色空间，对于村庄形成良好的小气候以及改善其生态环境具有非常明显的效果。村庄绿化往往只重视内部道路、庭院等的绿化，而忽视村庄外围的绿化，成片的农民住宅矗立在农田之中，极不协调。围庄林带便能够解决以上生态、景观两方面的问题，在改善村庄宏观生态环境的同时创造优美的外缘景观。因而绿化整治时，应重视村庄围庄林带的建设，加强村庄生活区与生产区之间的缓冲区绿化。

营造围庄林带时，应综合考虑村庄外缘地形和现有植被等因素，因地制宜的进行。围庄林带应与村庄的盛行风向垂直，或有30°的偏角，林带宽度不应小于10m，并注意保持围庄林带的连续性，以提高防护功能。通常采用规则式种植，株距因树种不同而异，一般1～6m，可栽植3～5行加杨、泡桐等进行块状混交造林。也可采用乔灌草相搭配的形式，营造防护功能较强的围庄林带。

树种选择方面，应尽可能选择速生树种，以便尽早发挥林带的防护作用；也可栽植经济林木或果树，如银杏、榧树、柑橘、柿树、山楂、枣树等，在美化环境的同时取得一定的经济效益。北方常用树种有桧柏、火炬松、垂柳、旱柳、栾树、刺槐、白桦、马尾松等。南方常用树种有杉木、桉树、喜树、板栗、核桃、油茶、柑橘、青皮竹等。

4.5 庭院绿化

庭院是指房前屋后或房屋院墙间的院落。它是村庄内分布最广、与村民生活最贴近的部分，在村庄绿化中占有非常重要的地位。对于目前大多数村庄庭院，绿化可以结合当地乡村风貌，因地制宜，经济节约，营造出景致怡人的农家田园风光。

住宅庭院的绿化设计应首先从发挥庭院功能的角度出发。一般来说，庭院具有三大功能：一是满足基本生活需要，如家庭生活中的储存、交通、排水等；二是满足休闲需要，如乘凉纳荫、儿童游戏等；三是补充功能，如兼顾果蔬生产等。

庭院绿化依照生态性、适用性，以及美学原则进行设计，具体根据各地区环境基础条件及庭院现有绿化现状有所侧重，一般可划分为四种模式。

4.5.1　林木型庭院绿化模式

林木庭院绿化模式是指在房前屋后的空地上，栽植以用材树为主的经济林木。这是一种经济型的庭院绿化模式。其特点是农户可充分利用庭院的有效空地，根据具体情况组配栽植高产高效的庭院林木以获取经济效益。绿化时因地制宜选择乡土树种，以高大乔木为主，灌木为辅。

具体绿化布置为：

屋后绿化以速生用材树种为主，大树冠如泡桐、楸树等，小树冠如刺槐、水杉和池杉等。在经济条件适宜的地区，可在屋后种植淡竹、刚竹等，增加经济收入。

房屋间开敞院落的绿化一般可以选择枝叶开展的落叶经济树种（如果、材两用的银杏，叶、材两用的香椿，药、材两用的杜仲等），带来一定的经济效益，且满足庭院夏季遮荫和冬季采光的要求。一般来说，前院植树规模不宜过大，以观赏价值较高的树种孤植或对植门前为主。

对于空间较小的庭院，宅前小路旁及较小的空间隙地宜栽植树形优美，树冠相对较窄的乡土树种。对于北方某些需要留出大面积空地的庭院，经济用材树种宜均匀单排布置在沿院墙一侧。

对于老宅基地，在保留原树的基础上补充栽植速生丰产、经济价值较高的杨树、水杉、池杉等速生用材树种。在必须清除原有的老弱树及密度过大的杂树时，应注意尽可能多的保留原本已经不多的桑、柳、榆、槐、苦楝、构树等乡土树种。

此种模式以规划栽植经济林木为主，主要适用于北方地广人稀的村庄及现有林木较多的村庄内面积较大的庭院。院内种植的林木，应考虑其定干高度，防止定干过低，树枝伤到人畜。对于庭院四周及户与户的交界处，要根据树种特性合理确定株行距，保持邻户间所植苗木相对整齐。

种植间距：速生乔木的株距为 4～6m，行距 2～3m；灌木的株、行距均为 1m 左右。绿化与房屋的距离因树种不同而异，栽植时应给予重视。

4.5.2 果蔬型庭院绿化模式

果蔬型庭院绿化模式是指在庭院内栽植果树蔬菜，绿化美化、方便食用的同时兼得一定的经济效益(见图 4-30、图 4-31)。这是一种简单实用的绿化模式，农户可以根据自己的喜好，选择种植不同的果树和蔬菜品种。

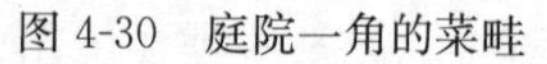

图 4-30 庭院一角的菜畦

图 4-31 果蔬搭配举例

经济果木可根据当地情况选择适宜生长的乡土果树，如北方的柿、桃、李、杏、梨、枣、石榴和樱桃，南方的梅、枇杷、金桔和柑橘等果树。选用果树作为庭院绿化树种时，宜选择 1～2 种作为主栽树种，再选配栽植少量的其他果树，要根据各种果树的生物学特性和生态习性进行科学合理的搭配。在大门口内侧可以配置樱桃、苹果等用于观花、观果的果树，树下再点缀耐阴花木。庭院中种植杏、枣等，当果实成熟时，满树挂果，形成一派热闹非凡的景象。

常见布置方法为：

在果树旁种植攀缘蔬菜，树下围栏种植一些应时农作物，产生具有层次的立体绿化效果，既美观实用，又节约土地。

在路边、墙下可开辟菜畦，成块栽种辣椒、茄子、西红柿等可观果的蔬菜，贴近乡村生活，十分自然大方。

院落一角的棚架用攀缘植物来覆盖，能够形成富有野趣和生机的景观，同时具有遮荫、纳凉的功能。

选择不同果蔬，成块成片栽植于院落、屋后，少量植于院墙外。果树栽植密度应依品种、砧木、土壤条件而不同。如在开敞院落的肥沃平地上，中国樱桃可采用 Y 字形整形密植，按 1m×3m 间距；若采用自然丛状形或自然开心形整形，可按(2～3)m×(3～4)m 的间距。庭院中一般在靠墙一侧呈单排种植果树。在树下种植蔬菜时注意果树的枝下高度，保证采光，其种植密度与田间类似。

此类型适用于现有经济用材林木不多或具有果木管理经验的村庄或农户。果蔬型庭院绿化是较为普遍的一种庭院绿化方式，颇具传统生活气息。一般村庄可在庭院内小规模种植果木、蔬菜，美化环境的同时满足自家的食用需求。有条件的村庄，可发展“一村一品”工程。南方地区可选择如柑橘、金桔、枇杷、杨梅等适生树种。“一村一品”工程形式上可采取统一购苗、送苗到户等方式，村内可成立协会统一提供技术指导，统一收购、加工、出售。这样既有利于形成统一的村庄绿化格局，又可获得较好的经济效益。

4.5.3 美化型庭院绿化模式

美化型庭院绿化是指结合庭院改造，以绿化和美化生活环境为目的的绿化模式。此类绿化模式通常在房前屋后就势取景，点缀花木，灵活设计。选择乡村常见的观叶、观花、观果等乔灌木作为绿化材料，绿化形式以园林上常用的花池、花坛、花境、花台、盆景为主(见图4-32、图4-33)。美化型庭院绿化多出现在房屋密集、硬化程度高、经济条件较好、可绿化面积有限的家庭和村落。

图4-32 美化型庭院绿化

图4-33 花池、花台

乔木可选择一些常绿观赏树种，如松、柏、香樟、黄杨、冬青、广玉兰和桂花等。花卉可选取能够粗放管理、自播能力强的一、二年生草本花卉或宿根花卉，进行高、中、低搭配。常见栽培的园林植物有紫叶鸡爪槭、细叶鸡爪槭、红叶李、梅花、罗汉松、桂花、木槿、石楠、月季、火棘、腊梅、茶花等。绿篱植物主要有黄杨、栀子、小叶女贞、小蜡、迎春、云南素馨、连翘、金钟花、枸杞等。

常见布置方式为：

房前一般布置花坛、花池、花境、花台等。为了不影响房屋采光，一般不栽植高大乔木，而以观叶、观花或观果的花灌木为主。

房前院落的左右侧方，一般设计为花池、花境、廊架、树列、绿篱或布置盆景，以经济林果和花灌木占绝大多数，有时为夏季遮荫也布置树型优美的高大乔木，如楸树、香樟等。

屋后院落一般设计为竹园、花池、树阵或苗圃。主要植物种类有刚竹、孝顺竹、棕榈、桃树、银杏、枫杨、水杉、朴树等，以竹类和高大乔木为主。

美化型庭院的常用植物：牡丹、梅花、白玉兰、紫玉兰、石榴、迎春、月季、丁香、紫叶李、榆叶梅、铺地柏、山茶、杜鹃、珊瑚树、棕竹、罗汉松、石楠、黄杨、海桐、八角金盘、桂花、棕榈、枇杷、女贞、杨梅、凤尾兰、腊梅、桃树、樱桃、木槿、合欢、广玉兰、海棠、紫荆、月桂、常春藤、鸡冠花、半枝莲、朝天椒、一串红、石竹、矮牵牛、秋海棠、菊花、万年青、文竹、马蹄莲、吊兰等。

4.5.4 综合型庭院绿化模式

这种绿化模式是前面几种模式的组合，也是常见的村庄庭院绿化形式。综合型庭院以绿化为主、硬化为辅；以果树和林木为主，灌木和花卉为辅。绿化形式不拘一格，采用林木、果木、花灌木及落叶、常绿观赏乔木等多种植物进行科学、合理配置，既创造出优美的居住环境，有时又能产生较好的经济收益(图 4-34)。在绿化布置时应因地制宜，兼顾住宅布置形式、层数、庭院空间大小，针对实际条件选择不同的方案进行组合。

图 4-34 乔木下种植蔬菜

综合型庭院绿化模式的优点是布局整齐、简洁，能够体现农家喜好，容易形成自己的风格。植物材料布置在满足庭院的安静、卫生、通风、采光等要求的同时，可以兼顾视觉美和嗅觉美的效果。

总体布置方式为：

庭院围墙可采用空透墙体，以攀缘植物覆盖，形成生态墙体，构成富有个性的、精致的家园；也可采用栅栏式墙体，以珊瑚树作基础种植，修剪成近似等高的密植绿篱围墙，生态、经济、美观，具有一定的实用性(图 4-35)。

图 4-35 绿篱墙垣种植

建筑立面绿化，可以在窗台、墙角处放置盆花；墙侧设支架攀爬丝瓜、葫芦；裸露墙面用爬墙虎等攀缘植物进行美化点缀。

庭院花木的布置可在有一种基调树种的前提下，多栽植一些其他树种。农家也可根据自己的需要和爱好选种花木，自主布局设计，形成高、中、下多层结构的绿化环境，仿照自然生长，实行乔灌草三层结构绿化(其中草本地被可以采用乡村常见蔬菜)。综合型庭院绿化将花卉的美观、果蔬的实用、林木的荫蔽，共同集中组合在庭院中，可以创造丰富的景观效果。

4.6 附属绿地绿化

4.6.1 学校绿化

学校是教师教书育人，学生获取知识、快乐成长的地方。通过适当的绿化美化，营造一个以静为主、景色宜人、文化内涵丰富的校园环境，对师生的工作和学习生活十分重要。总体说来，村庄学校的绿化既要满足各个分区的功能要求，为师生创造适宜的环境，又要充分考虑其乡村性，灵活选择绿化树种。成功的学校绿化，校内绿色遍布、空气清新，能够为广大师生的学习、活动和休憩提供良好的环境。学校绿化可分为如下几部分：

1. 门前区绿化

学校门前区在功能上要满足学生上学、放学时人流、车辆的集散，同时体现校园的风格面貌和文化特色，是村庄学校绿化的重点区域。根据门前区瞬间人流量大，以及处于校园重要位置等特点，植物配植宜简洁、明快、大方、自然。一般选用观赏价值较高的乔灌木，同时注重常绿树种与落叶树种的合理搭配。门前区主道两侧可布置常绿绿篱、花灌木或乔木，以达到四季常青的效果，如图 4-36，校园门前区列植雪松，简洁明快。也可采用落叶乔木间植常绿灌木的形式，以满足遮荫和采光需求，同时使门前区四季有绿。还可在门前区设置花坛、花台，种植观赏价值较高的花灌木，或摆设时令花卉，运用植物色彩体现学校生机勃勃的氛围。

图 4-36 门前区列植雪松

2. 道路绿化

学校主干道也是人流集中、体现校园风貌的重要区域。绿化时，两侧行道树可选冠大荫浓、树形优美的落叶乔木。为丰富景观层次，也可在道路两侧种植花灌木、草花等绿化植物。一般学校绿化，可广泛采用极具乡村气息的树种以增加校园亲切感，如北方的加杨、梧桐、泡桐等，尤其是加杨，笔直的树干很适合学校环境。

学校次级道路可选择小型乔木(橘树、苹果树、桃树等)＋树篱(黄杨、石楠、圆柏、珊瑚树等)、花灌木或小乔木(石榴、紫薇、木槿等)＋草本(书带草、酢浆草、二月兰等)等的配置形式。

3. 教学区绿化

教学区绿化的作用为隔离和防护，目的是为师生带来安静、愉悦的工作学习环境。教学楼周围可栽种观赏性花灌木，如杜鹃、山茶、石榴、连翘等；教学楼为口字形时，可在中间天井种植耐阴花卉和灌木，如万年青、一叶兰、八仙花等，力求做到美观大方。教学楼南面一般可设置花坛，以宿根花卉或花灌木为主进行绿化美化。对于只有平房教室的教学区，可发动学生在教室外砌花池，自己动手种植乡土花草，如紫茉莉、凤仙花、一串红、野菊、万寿菊等。建筑周围的绿化应考虑采光、通风需要，墙下一般采用株高不超过窗口的灌木或小乔木，若选用高大乔木，应保证距离建筑5m以上。

4. 办公区绿化

为营造幽静的办公及学习环境，需对学校办公区进行绿化。一般情况下，由于空间所限和采光需要，办公区绿化多数采用小乔木或花灌木＋草本的形式，通常可选木槿、石榴、桂花、紫薇等，为节省资金，也可选用苹果、桃、李、杏、柑橘等果木。办公楼东西两侧可种植藤本植物，如爬山虎、五叶地锦等，攀附在粗糙的墙壁上，令环境格外幽雅，还会使办公室内更加凉爽，空气更加清新、湿润。办公室建筑周围绿化同样要考虑室内通风采光的需要，5m之外才可种植高大乔木。

5. 运动区绿化

运动场周边绿化既要保持通透，又要有一定的遮荫性。运动场与建筑物间最好设置常绿与落叶乔木混交的林带，起到隔声作用。乔木的定干高度不宜过低，且树下不宜种植灌木，以免妨碍运动或给运动者造成伤害，操场跑道周围和足球场要做好地面处理和周边点缀绿化。

6. 教学基地绿化

对于校园里比较独立的空置地块，可结合中小学教学需要灵活规划成教学基地，使校园内的植物既发挥绿化、美化的功能，又能作为师生进行教学观察和实习的材料，有利于学生们加深对课堂所学知识的理解。教学基地还可以设置为苗圃，让学生参与到扦插、养护中去，既贴近生活，又能锻炼他们的动手能力。

校园绿化力求使学生们在得到绿的享受和美的熏陶的同时，增加他们对植物的正确了解。可给校园内的植物挂牌子，在牌子上标出正确的中文名、拉丁学名和所属的科名，还可注上主要用途，以方便学生学习。校园绿化宜选择具有杀菌、减噪功能的树种，以期为师生营造良好的学习工作环境。如柠檬桉、银杏、肉桂、圆柏、雪松、悬铃木、香樟、柑橘等树种具有杀菌功能；毛白杨、香樟、女贞、石楠、珊瑚树、夹竹桃等树种减噪功能良好。另外，可以灵活选择具有观赏性的果树和蔬菜作为绿化植物，以减少资金投入。

4.6.2 敬老院绿化

敬老院是农村重要的社会福利机构，是老人颐养天年的地方，为他们创造一个温馨舒适的生活环境非常重要，绿化便是其中一项重要手段。老人喜欢户外休息、娱乐，敬老院应尽量多设桌椅加以满足。这些休息区域宜种植冠大荫浓的落叶乔木，如梧桐、国槐、泡桐、刺槐、合欢等，以满足夏日遮荫和冬季采光的需要。如图 4-37，老人们在浓浓绿荫中休息、打牌，非常惬意。还可将花架与座椅结合布置，花架上不仅可种植紫藤、美国凌霄等园林树种，还可选用丝瓜、葫芦、黄瓜等蔬菜，以满足老人对农田的亲近之情。此外，敬老院还应设有老人锻炼身体的区域，这些空间一般采用疏林草地的形式，注意将常绿与落叶树种相结合，保证冬有阳光、夏有树荫，一年四季都见绿，为老人带来好心情。自然条件较好的村庄，可将河水、溪流引

图 4-37 树荫下休闲的老人

入敬老院，开辟钓鱼池，为老人们提供丰富的休闲生活。另外还要进行无障碍设计，保证道路坡度适宜、台阶高度适当，并注意留有轮椅通道，方便老人使用。绿化方面，考虑到敬老院中使用轮椅的老人较多，绿篱一般不应超过90cm，以免影响视线和交流。另外，考虑到老人的心理特征，敬老院的建筑宜采用清新、明快、温暖的色调。

绿化时应尽量选择具有消毒杀菌、吸尘、减噪功能或颜色清新亮丽、能够分泌芳香物质的树种。乔木可选择白皮松、杜仲、碧桃、雪松、桉树、梧桐、泡桐、腊梅、白玉兰、稠李、橘树、香樟、银杏、悬铃木、国槐、山核桃、元宝枫、桑树等；花灌木可选择栀子、丁香、茉莉、米兰、含笑、紫薇、杜鹃、牡丹、珍珠梅、大叶黄杨、玫瑰、桂花、矮紫杉、小叶黄杨、金银木等；草花地被可选择薄荷、万寿菊、石竹、酢浆草、半支莲、凤仙花、一串红等。还可以在适当区域开辟耕地，供体力较好的老人栽花种草，既能使他们锻炼身体，又给他们的生活带来乐趣，同时还美化了环境，可谓一举多得。

4.6.3 村委会绿化

村委会是村庄的行政中心，一般处于村庄较中心的部位。它不仅是村里处理日常事务、村民前来办事的地方，同时还具有一定的对外功能。村委会在一定程度上体现着村庄的形象，因而其景观设计非常重要，应给予较高的重视。

总体说来，村委会绿化设计应力求亲切、大方、美观、实用。可在建筑附近适宜的地方设置座椅等休息设施，采用冠大荫浓的落叶乔木进行绿化，以方便前来办事的人作短暂休息；也可将花架与座椅结合设置，种植美国凌霄、紫藤等，夏日里为休息的村民遮荫。另外，可根据情况布置花坛，栽植草本或木本花卉。栽植草本花卉时，宜选择花色鲜艳、花期一致且较长的花卉，配置多按照中间高、四周低的形式布局。例如南方可用美人蕉、苏铁、棕榈等作中心部位的材料；中层用金盏菊、一串红、百日草、天人菊等；外层用美女樱、半支莲、秋海棠等。栽植木本花卉时，也要选择观赏季节较长的花卉，如花坛中间种植普通月季品种，外围用丰花月季、大叶黄杨镶边，达到四季有绿、三季有花的效果。对由围墙围起的村委会进行绿化时，可在外围栽植高大乔木，如加杨、垂柳、泡桐、梧桐等，院内空地留出一定面积的停车场和活动空间，其他地面可用草花地被覆盖，如二月兰、半支莲、蒲公英、美女樱等，其间孤植、散植、片植一些观赏价值较高的灌木、小乔木，如石榴、桂花、山茶、木槿、紫薇、云杉、桧柏、龙柏等，力求整个平面布局端庄雅致又富有生气。

有些村庄的村委会办公用房是建设多年的老房子，房前并无规划好的绿化用地，处于较随意的绿化状态。村庄绿化整治时，要注意保留原有树木，在适宜的地方开辟种植池，栽植乡土花卉；空间较大的地方可栽植本地适生的、观赏价值较高的绿化树种，注意所选植物颜色要清幽淡雅。植物配置方面，注意乔灌草相搭配，营造安静、优美的办公环境。

4.7　其他绿化

村庄中除了点状的庭院、单位附属地，段状的道路、河流，面状的广场、村庄废弃地、空置地外，还存在一些可绿化的小面积零碎隙地。这些细碎地主要存在于公共基础设施，如变电室、厕所、井台等的周围。特别是一些古老的村庄，各类新添加的基础构筑物更为分散。如果在村庄绿化中对这些细碎地加以注意，能够提升整个村庄的品位和形象。

变电室、垃圾收集房(图 4-38)等设施，应当利用植物材料的遮挡效果进行美化处理。可以考虑使用一些冬青、黄杨、小叶女贞等枝叶浓密的绿篱植物或者竹类等，仿照院墙下基础种植的方式进行美化，形成一处处绿色村景。对于新建的这类基础设施，可以结合当地乡土建筑风格设计其外观，用植物进行屋顶覆盖绿化等。

厕所一类基础设施的使用率较高且不宜隐藏，但其单独突兀的出现在村庄道路一侧也会影响到村庄形象的整洁(图 4-39)。绿化时可采用半遮挡的方式进行处理，一侧种植略微高大的小乔木，建筑顶部种植草本植物，墙体使用攀缘植物立体绿化。这样使得绿化具有安全性和遮蔽作用，同时使一个原本孤立的建筑达到生态美化的效果。

图 4-38　未加绿化的垃圾处理室

图 4-39　未加遮挡的厕所

井台旁是原始村落中使用率和村民出现率较高的地方，现阶段饮用水到户以后，井台已经失去了原本的实用功能。在村庄绿化时可以利用这一空地，将井台加以适当处理，在保证其安全性后在其附近种植冠大荫浓的树木，设置休息座椅，建设成村民休闲的良好去处。

菜园地一般距离住房较近，对这一区域进行适当的绿化，将为村庄的整体形象增添光彩。为了降低绿化树木对蔬菜生长产生的影响，一般可采取散植和围合两种绿化方式。

(1) 散植绿化是指在菜园地内种植一株或分散种植几株树木的绿化方式。一般选择主干明显、冠幅较小的乔木，如水杉、池杉、落羽杉等；也可种植果树，如梨、桃、苹果、枇杷、杨梅、柑橘等，培养成主干式树形为主、枝下高在2m以上的树木。这样的种植方式既可以避免高大树木的浓荫遮盖地面，影响蔬菜生长，同时也能打破大范围平坦菜地所带来的视觉单调感(图 4-40)。

图 4-40　菜地中散植的树木

菜地的边角处空间较大，在距离田垄较远的地方，可以选用冠幅较大的落叶乔木树种，如泡桐、梧桐、柿树、核桃等。在炎炎夏日里形成荫蔽，方便田间劳作的农民休息。

(2) 围合绿化是指在大片分户种植的集体菜地外围进行的绿化。一般选择低矮的小灌木，成排种植，形成绿篱，围合菜园空间。也可栽植小乔木，注意乔木与菜园地的距离不宜太小，同时要考虑光照方向和林木间距，保证蔬菜采光良好。树种可选用一些树冠整齐、形态美观、具有观赏价值的经济林木或果木，如银杏、山楂树、柑橘树等。

庭院内或宅旁小面积菜园在绿化时可作为一个小花园去规划，在菜园内散植少量独干花木，在其四周栽植绿篱及开花树木，如用桂花、樱花等包围，将蔬菜作为地被植物去栽培。

5 村庄绿化的保护与管理

5.1 村庄绿化保护与管理现状

村庄绿化管理是一项长期而艰巨的工作，是保障农村绿化成果的长效措施。绿化做好了，如果保护与管理跟不上，往往出现“年年种树，年年不见绿”的局面。为此，要着力解决村庄绿化中最突出的管护问题。归纳起来，主要存在以下几方面问题：

1. 重绿化、轻管理

俗话说“三分栽、七分管”，栽后管理是绿化工程成败的一个关键环节。但由于村庄在绿化建设方面人员有限，又得不到相关部门的重视，于是出现了这样的现象：每到植树季节，很多村庄在上级部门的督促下，形式化的栽树、铺设草坪，但由于这些花草树木平时无人养护管理，一年下来基本所剩无几。正常的绿化成活率在85％以上，很多村庄绿化成活率达到75％已经非常不易。有的村庄每年都会把上一年的树木换掉，造成了人力、物力、财力的极大浪费，这种低成活率与重复建设现象严重；还有些村庄绿化工程完工后，后期管护工作无人负责，或由于资金问题导致管护不到位，绿化效果难以维持。由此造成很多曾经进行过统一绿化规划、绿化施工的村庄，其后期景观效果并不理想，这种“重栽轻管”现象已成为村庄绿化日益突出的一大问题(图 5-1、图 5-2)。

图 5-1　病虫害严重的树木

图 5-2 失去造型的绿化植物

2. 公共绿地无人管理、村民绿化意识较差

农户自家房前屋后的绿地通常管护较好，但是村庄的道路、公共绿地却由于责任不清而无人问津。通过对南方某村庄的调查发现，该村河道内垃圾散布，河水水质很差(图 5-3)。据当地村民反映，几年前，该河流是村民的生活用水水源，水质很好，但自从村里家家户户通了自来水，人们便在河里随意倾倒垃圾，放养鸭、鹅等家禽，导致水质急剧恶化。河边的绿化也由于缺乏管理、一片狼藉。图 5-4 是某村庄的河道，河水污浊不堪、富营养化严重，水面漂浮着各种生活垃圾，人未走近就可闻见一股恶臭，河道两侧缺乏绿化，景观效果很差。由此可见，村庄公共环境的恶化已经严重影响了村民的生活质量和村庄的整体形象，使村庄生态环境愈加脆

图 5-3 严重污染的村内河道

图 5-4 严重污染的进村河道

弱。绿化整治时，应结合河道治理，对其进行美观、生态的绿化，以改善村民的生活环境。

村庄绿化久不见成效在于人们的绿化积极性不高，究其主要原因有三：一是村民的绿化意识跟不上。他们认为植树不能代替致富，生态环境的好坏与“吃饭穿衣赚钱”无关，在植树绿化、保护生态方面，普遍存有“啃老本”的想法；二是村民和干部认为绿化“投资多、见效慢”，费力不讨好，花钱栽树不如搞一些收益高、见效快的“项目”；三是村干部对绿化缺乏热情。他们往往认为村庄的绿化美化并不是发展农村经济的“硬指标”，绿化搞得好坏并无人过问；另外，农村砍树、盗木、毁林的不法现象时有发生，尤其是农田边缘以及道路两侧的树木，常常遭到“白天栽上，夜里拔掉”的命运。再加上村庄往往缺乏有效的绿化管理措施，很多村民自由放牧，畜禽吃、啃树木的现象严重，导致树木成活率不高。这些造成很多村庄绿化工作久不见起色，甚至无人问津。

3. 缺乏专项资金

村庄整治过程中，大量的资金用在了建筑整治或者道路硬化、村庄亮化、洁化上，绿化方面投入的资金往往很少，如浙江省兰溪市村庄整治经费补助标准为：重点整治村 30 万元，一般整治村 15 万元，但用于绿化的经费为：重点村 2 万元，一般村 1 万元。再加上村级经济基础往往较为薄弱，用于绿化的资金筹集也很困难，这些都导致村庄绿化缺乏专项资金。资金的缺乏直接影响绿化的实施以及后续维护和管理，最终影响景观效果。

4. 村民缺乏专业管护知识

有的村庄绿化经过了统一的规划设计，并请专业人员进行绿化施工，初期景观效果很好。但是由于村民缺乏专业的绿化管护知识，随着时间的推移，该整形的绿篱不能得到整形，该修剪的树木得不到修剪，一些比较娇贵的观赏植物得不到正确的养护，导致园林植物失去造型，病虫害严重，使得村庄绿化达不到预期效果。

5.2 村庄绿化保护与管理方法

如上所述，绿化管理是村庄绿化过程中尤为重要的一个环节，应全力做好，可从以下几方面着手：

5.2.1 采取措施，调动村民积极性

农民既是新农村建设的主体，又是直接受益者，因而必须千方百计地让农民群众参与到村庄绿化整治中来，这样新农村建设才会有不竭的动力。

1. 统一规划，分户经营，谁经营谁受益

统一规划，才能保持村庄绿化风格统一、特色显著。村庄普遍由姓氏家族及分支繁衍而成，往往具有显著的聚落特征，布局随意、散乱。这些村庄通常绿化规划滞后、建设水平不高、日常管理无序、综合效果不佳等问题比较突出，与新农村建设的要求还有较大差距。因此，村庄绿化整治必须准确定位、科学规划、统一布局，从农村环境整治、自然生态平衡和农村经济可持续发展入手，制订高标准、高质量的新农村绿化整治方案。

分户经营，谁经营谁受益，才能够调动起村民的积极性。为避免出现绿化后无人管理的尴尬局面，需要给村民一定的经济刺激，才能让村民积极主动的参与到村庄绿化管理中来。如福建省德化县龙浔镇英山村在创建“绿色小康村”行动中，全村 18 周岁以上村民在自家房前屋后、自留山或村边路旁等空闲地上，每年义务植树 3～5 株，由村里提供苗木，群众劳动，年终检查成活后造册登记，并落实“谁种谁有”、“谁管护谁受益”的政策，在这样的措施下，广大农民群众积极参与到植树造林、绿化美化环境的活动中，村庄绿化效果显著。

2. 免费技术培训、无偿提供优良种苗

对村民免费进行技术培训、无偿提供优良种苗是提高村民绿化积极性的又一重要措施。浙江省衢州市柯城区针对村级经济多数较为薄弱、村庄绿化资金筹集困难的问题，相关部门每年挤出一笔资金集中力量建设 5 个绿化示范村庄，并对这 5 个村庄进行集中绿地规划、集中绿化施工、集中扶持管理。为提高村庄的绿化水平，还开展了以送设计、送技术、送苗木为载体的园林下乡活动，并对负责村庄绿化管理的村民进行免费的技术培训，给农民传授绿化植物

选择、种植栽培、浇水施肥、病虫害防治、日常修剪等相关知识，这一举措收到了良好的效果，村民绿化积极性很高。另外，该区石梁镇张西村气候凉爽，自然条件较好，几年前发展了“农家乐”，但特色不显著。相关部门看到这里适宜种植菊花，便引导村民种植，并通过赠送苗木、举办种植技术培训班来提高村民种菊花的积极性。如今，菊花已成为该村特色花卉，家家户户的房前屋后、自留地的篱笆旁都有栽植。“采菊东篱下，悠然见南山”的意境令人流连忘返，“农家乐”的品位也由此得到了提升。

3. 奖励先进典型

村庄绿化工作涉及面广，工作难度大，只有通过树立典型，加强引导，才能形成示范带动效应。以创建“生态村庄”、“绿色村庄”为着手点，高标准规划，严要求实施，抓好绿化建设；并以奖励典型为突破口，以点带面，推动村庄绿化全面开展。具体实施时，要在多个层面上奖励村庄绿化的典型，充分发挥榜样作用。如在县、乡的范围内，可把经济基础较好的村庄和绿化基础较好、投入少见效快的村庄作为首批重点来抓，村庄绿化整治效果好的，给予奖励。在村庄范围内，可通过实际调查评出绿化成绩突出的家庭或个人，给予奖励，由此形成“你追我赶忙绿化”的氛围。

5.2.2 成立协会，提供技术指导

对于发展经济林木、种植果树蔬菜的村庄，成立协会能够解决农民的后顾之忧。如安徽省北东村很多村民种植果树，他们便自发成立了杂果协会。协会经常组织会员学习，相互交流果树栽植管理技术，逐步摸索出了一套切合当地实际的果树管理及栽培技术。随着村民收入的逐步提高，杂果协会还组织会员走出去学习、请专家进来讲课，以全面提高会员的栽植管理水平。此外，他们还多方收集信息，加强与外界的联系与交流，把杂果协会办成技术服务和果品销售的平台。

由于村庄绿化工作是一项技术性较强的工作，应着重培养这方面的技术人员，使他们掌握树木修剪、病虫害防治、土壤管理等技术，为村庄绿化的日常管理储备人才。针对村庄的绿化工作，也可

以成立技术协会，方便人们交流绿化经验，还可邀请相关专业人员，提供技术指导或者定期对村内绿化管护人员进行绿化维护知识培训。

5.2.3 政府推动，责任落实到位

村庄整治过程中，要由政府牵头，充分发挥林业、交通、水利、城建等各级职能部门的作用，齐心协力共同做好村庄绿化整治工作。村庄绿化涉及的绿地类型多，且牵连到各家各户，在户与户之间，户与村庄的公共道路、河流、宜林宜绿地之间进行植树绿化，都有可能产生一些矛盾。在村庄绿化整治中要做好协调工作，统一实施，避免这些矛盾的产生。

各级政府应做好组织工作，并积极推动，将责任落实到各家各户。技术指导部门应将绿化工作具体化，不仅要将绿化规划落实到具体地块，甚至将绿化苗木落实到每一个种植点，以推动村庄绿化扎实有序的开展。谁栽植谁受益的树木，由每户自行管理；所有权归集体的绿地林木，要切实做好管护责任制，确保“栽种一棵，成活一棵”。完成绿化后，必须强化长效管理，做到管护队伍有落实、管护资金有保障、管护责任定到人，确保村庄绿化达到预期效果。

5.3 村庄绿化保护与管理措施

村庄绿化可以增加地区的林木资源，改善农民的居住环境，提高农民的生活质量；可以涵养水分、保持水土、净化空气；还可以对村庄起到防护作用，减轻风暴对农户的袭击，为农民营造一个生态和谐的人居环境。通过宣传，强调村庄绿化工作在新农村建设中的重要作用和意义，让农民充分认识到绿化自己的家园不仅仅是村里的事，也是每个人的责任和义务，从而调动农民义务植树、绿化家园的积极性，提高其自觉性。同时更要注意引导村民增强其绿化管护意识和责任意识，这是搞好村庄绿化的前提和基础。只有这样，才能使村庄绿化成为长期且具持续性的事业，而不是昙花一现的形象工程。

另外，要在村庄内增加必要的绿化保护设施。村庄的公共绿地距人们生活居住区较近，易遭受人为或牲畜破坏。目前，虽然各地

广泛实施了禁牧措施，但由于农作需要，骡、马、驴等大牲畜常在房前屋后或农田旁拴系，啃食树木现象仍不能得到有效制止。针对这种情况，我们要加强树木保护措施，为路边的行道树加设围栏，或涂刷防啃剂等，防止牲畜啃食破坏。对于公共绿地里的花草，可设置小型栅栏或者用矮生密集的小灌木作围篱，防止家禽进入破坏植物的生长。

村庄绿化管理制度是村庄进行绿化管理的有力工具，可使村民的行动有据可查。制定切实可行的绿化管理制度后，还要加大执法力度，保护好现有的绿化成果，使农民群众真切感受到新农村建设带来的种种好处，从而自觉、主动地支持和配合村庄绿化整治工作。

例一：浙江嘉兴桐乡市洲泉镇东田村的相关制度

村庄整治长效管理制度

为进一步加强村庄整治的长效管理，巩固整治成果，经村研究决定、制定如下制度：

一、对村部及市场四周区域每天进行清扫二次，车辆停放整齐、有序，村主干道每天清扫一次。

二、对全村 16 个生产组 550 户农户的生活垃圾每天集中收取一次，并由运输车辆集中运送到镇垃圾中转站。

三、河道必须达到“四无”标准，不得向河内倾倒垃圾，一经发现严重处理。

四、居民房前屋后保持清洁，杂物堆放有序，每星期检查一次（由村组织）。

五、绿化养护经常做到清理杂草、施肥、修剪等。

六、文化活动中心保持清洁，不得有赌博等现象，图书室、乒乓活动室做到按时开放专人负责、宣传栏内容每天更新。

七、生活污水净化处理每天检查 2 次，保证能正常运作。

八、本制度从 2005 年 6 月 1 日起执行。

东田村绿化养护管理制度

一、绿化建设与管理由村按新农村建设规划的要求组织落实，并由专人负责。

二、每年投入一定数量的绿化经费，并确保在区域逐年扩大的基础上，适当加大绿化建设与管理方面的投入。

三、道路绿化、河道绿化、居民绿化、公共绿化有序地进行。逐年增加绿化面积，提高绿化覆盖率。

四、种养结合，加强植绿后的浇水、锄草、杀虫和绿化带灭鼠工作，做到精心种植，精心养护，提高成活率。

五、提高绿化建设与设计造型水平，努力造出一批适合人文环境的高质量、高品位的绿化景点。

六、加强植绿、爱绿、护绿方面的宣传教育，加大对损绿、毁绿方面的惩治力度，提高居民群众的爱绿护绿意识。

（资料来源：http：//dongtian. jxjnw. com/orange/index. asp 洲泉镇东田村）

例二：关于调整章村镇村庄环境建设长效管理制度的通知

各村委及相关单位：

为巩固村庄环境建设成果，统筹城乡发展，根据县委办、县政府办《关于加强村庄环境建设长效管理工作的实施意见》（安委办［2002］25号）和（安政办发［2003］50号）文件精神，经镇党委、政府研究决定对我镇各行政村村庄环境进行长效管理考核，现将有关事项通知如下：

一、指导思想

以“三个代表”重要思想为指导，全面建设小康社会为目标，以创建全国环境优美为抓手，努力打造“黄浦江源第一镇”，加快我镇环境建设步伐，推进章村镇社会经济的发展。

二、考核内容

1. 做到长效管理制度、人员、经费“三落实”。制度上墙，落实保洁人员，有保洁人员聘用合同或协议，经费根据各村的实际情况制定方案，采用镇财政以奖代补、村自筹的方式进行。

2. 保持村内主要道路净化，做到村内主要道路及公共场所每天保持清洁，垃圾及时清运，并倒入垃圾中转站。

3. 保持河道、河滩、溪沟及水塘清洁卫生。定期对河道、河滩、溪沟、水塘进行清理，保持河水清澈、河道畅通、河岸整洁。

4. 保持房前屋后清洁整齐。村民负责各自房前屋后环境卫生，做到垃圾入箱，家禽家畜围栏圈养，无杂物随意堆放，防止露天粪坑出现反复。

5. 保持绿化种植养护完好。保护村内古树名木，爱护花草树木。村内公共绿地由专人负责养护管理。

6. 保持村内公共设施完好。爱护公共设施，村内路灯、卫生设施、公共休闲场所等维护良好，村内道路路面完整，保持畅通，及时修理损坏的公共设施，保持厕所的清洁卫生。

7. 保持村庄环境整洁。杜绝乱搭建、乱张贴、乱堆放等行为，村内残墙断壁及时清除，破旧房屋及时整修。

8. 建立长效管理监督组织。由村支部书记或村委会主任具体负责村庄环境建设长效管理的监督工作，做到每月有监督记录，确保各项管理制度的落实。

考核内容量化为100分，具体量化指标详见附件。

三、考核办法及时间安排

由镇村镇建设办进行考核，采取每月抽查的方式进行。

四、奖励措施

考核对象为全镇辖九个行政村，主要包括已完成村庄环境建设的村庄和未整治的行政村公路两侧的村庄及相对集中的村庄为参照点。

根据考核结果，折算分值计入年终对各行政村的综合考核中，由镇财政统一进行奖励，平均分值90分以上并且本年度的为优秀，奖金为3000元；85分以上的为良好，奖金为2000元；75分以上的为合格，奖金为1000元。

考核得分在75分以下的村庄为不合格，给予通报批评。每出现一个自然村庄考核不合格，相应扣除所在行政村本年度综合考核得分0.5分，直到扣完所在行政村本年度综合考核中的长效管理全部得分。

注：本办法由镇村镇建设办负责解释。

附件：村庄环境建设长效管理工作考核评分表

章村镇人民政府

二〇〇五年三月八日

村庄环境建设长效管理工作考核评分表

考核单位：　　行政村　（自然村）

自然村庄规模：　　户　　人

参加考核人员：　　考核时间：　　年　月　日

考核内容：

	考核内容		分值	得分	备注
一	道路净化	村道路面无杂物、无积水	5		
		路旁、边沟无垃圾	5		
		道路畅通、路面完好	5		
		每日清扫，垃圾运至固定中转站	5		
二	河道清洁卫生	河道无飘浮物	6		
		河滩、溪沟、水塘无垃圾、无堆积物	8		
		河岸整齐清洁	6		
三	房前屋后清洁整齐	垃圾入箱并及时清运	6		
		房前屋后无垃圾，杂物堆放整齐	8		
		家禽家畜围栏圈养	3		
		无露天粪坑反复	3		
四	绿化养护	村内古树名木保护完好	2		
		道路两边绿化养护完好	3		
		宅旁、路旁和公共绿地养护完好及时修剪	5		
五	公共设施养护	村内路灯完善，亮灯率100%，卫生设施完好	4		
		公共休闲场所维护完好	3		
		公厕有专人打扫，清洁干净无恶臭	3		
六	环境整洁	村内无乱搭建、乱张贴、乱堆放现象	3		
		村内无断墙残壁	3		
		房屋外墙清洁，白化完好	4		
七	人员经费制度“三落实”	有长效管理制度及监督机制	3		
		有长效管理队伍	3		
		长效管理经费落实	4		
合计			100		

（资料来源：http：//www. anji. gov. cn/anji/xiangzhen/29618/xzhxinxi. jsp? InfoId＝6926 中国竹乡安吉）

6 村庄绿化与经济发展相结合

与城市绿化相比，农民对绿化的期望不仅仅在于美化村庄，同时还希望能够带来一定的经济收益。在村庄整治过程中，可将村庄绿化与村庄经济发展相结合，使绿化整治工作在取得社会、生态效益的同时，也赢得经济效益，为村庄绿化的可持续发展提供动力。

6.1 村庄绿化与经济结合的模式

将村庄绿化与生产相结合，可结合农业产业结构调整，实施多种经营方式，引导农民建设花卉苗木、经济林果基地等，实现“创绿色家园，建富裕新村”的目标。下面介绍村庄绿化与生产相结合的几种具体方法。

6.1.1 栽植经济树种

经济树种是指以生产干鲜果品、食用油料、饮料、调味料、香料、工业原料、药材和木材等为主要目的的树种，村庄绿化时选择经济树种，可在满足绿化的同时产生一定经济效益。

1. 常见经济树种

(1) 南方

南方经济树种以木本油料类、香料类、淀粉类和果品类为主。油茶是我国主要的木本油料树种，南方多个省区都有栽培；香料类有山苍子、桉树、香樟等；食用淀粉类以板栗为主；果品类生产则以柑橘、香蕉、葡萄、荔枝等为主。除此之外，南方常见经济林树种还有：茶树、油桐、橡胶、剑麻、菠萝、桑树、杨梅、无花果、香榧等。

(2) 北方

果树是北方经济树种的主体，果品因可食部位不同分为水果类和干果类。水果类包括以苹果、梨为代表的仁果类；以桃、李为代表的核果类；以葡萄、猕猴桃、柿为代表的浆果类。可食部分为种子(种仁)的果品是干果，如板栗、核桃、银杏等。干果在全世界栽培面积中所占比例较小，但市场价格较高，近年来发展越来越好。除了果树林木，北方的经济树种也包括少量的油料树种、淀粉树种、药材等，还有一些用材树种或工业原料树种。

2. 树种选择原则

经济树种的选择原则有三点，首先要适地适树，即考虑当地气候特征、水、土状况是否适宜所选树种生长。如考虑到土壤因素，盐碱地区可选择枸杞、苹果、梨、杏等树种；盐碱较重的，可选柽柳、沙枣等树种。

其次，要考虑栽植目的，选择生态效益、社会效益和经济价值兼具的树种，同时应满足实用功能。如道路两旁选择遮荫效果好的树种，农田林网选择防护作用强的树种。一般在房前屋后，根据面积大小和种植习惯，可选择柑橘、枣、梨、山楂、柿、杏等适宜的果树。

再次，可根据市场情况和农民对经济林木的熟悉程度，选择适宜树种。

3. 具体应用

综合以上几点，在实际应用中，应根据不同的绿化区域进行有针对性的选择。村庄绿化中适宜栽植经济树种的重要区块主要包括道路两侧、庭院周围、河道两岸、农田林网和村周山地。另外，不少村庄有空置地，地块较大的也可栽植经济林木。

事实上，村庄一旦开始发展某种特色经济林木，其道路、林网、乃至庭院绿化都会体现出这种特色，如浙江省衢州市柯城区村庄以柑橘、香榧等经济林果经营为重要支柱产业，在村内村周大量种植，形成了以一至数种经济林果为基调绿化树种、具有多种效益的村庄绿地系统。因此，在绿化过程中应积极挖掘村庄林木资源，形成具有经济特色的村庄绿地系统。

6.1.2 兼顾农产品生产

村庄生活区的土地往往很零碎，村民可利用房前屋后空地，见缝插针栽植果树、蔬菜，以充分利用空间，既可以满足自家食用，也能创造经济效益。这种绿化形式在农村很多见，如在浙江省上虞市港联村，村民利用房前屋后、道路两旁，广泛种植应季蔬菜，如青菜、白菜、芹菜、蚕豆、丝瓜等，不仅很好的绿化了村庄，还解决了自家的食用问题，可谓一举两得(图 6-1)。

图 6-1　房前、路旁种植的蔬菜

庭院绿化是村民最为重视、积极性最高的部分。庭院面积较小的村民，往往在院中开辟种植池，栽植应时蔬菜；庭院面积较大的村民，可将园林树木、果树、蔬菜、花卉等组合种植，创造观赏价值和实用价值均较高的农家庭院。拥有大面积庭院的村民可开发生态立体农业，发展种植养殖一体化，以充分利用空间和能量，取得良好的经济效益。例如，可在庭院四周栽植李、沙枣、苹果等果树，利用高层空间；院内种植黄瓜、豆角等上架蔬菜，利用中层空间；在蔬菜、果树的间隙及架下栽培食用菌，利用下层空间；这样便达到了高中低三个空间层次同时利用，既绿化了庭院，又取得了良好的经济效益。

另外，村庄的河流、沟渠、池塘等往往是绿化整治的重点，可以在这里大做文章。例如山东省沂水县崔家峪镇北垛庄铺村将河流绿化与经济发展相结合，发展河边小菜园。崔家峪镇境内有两条河流，种植小麦、玉米等传统作物经济效益较低，村民便因地制宜，在河两侧培植小菜园，种植有芹菜、香菜、大葱等 20 多种蔬菜，给菜农带来了较大的经济效益。

6.1.3　建立苗圃

建立苗圃是村庄绿化讨巧的做法，一方面苗圃可为城乡绿化提供苗木，获得经济效益；另一方面，苗圃本身很好的绿化了村庄，改善了村庄环境。苗圃一般分布于大、中城市周边或者著名园林绿化苗木之乡周边，具有这种优势的村庄可发展苗圃业，为农民增收、农村经济发展增添途径。近几年国内乡村苗圃发展迅速，这些苗圃为城乡绿化作出了贡献，为建设社会主义新农村注入了生机与活力。

发展乡村苗圃时，应充分掌握苗木市场信息，因地制宜，避免苗圃的重复建设以及苗木的滞销，在管理与技术中求生存，让苗圃真正成为城乡绿化的坚实后盾，成为村庄经济发展的重要拉动力。以下是可采取的几项措施：

1. 走基地化、规模化之路

乡村苗圃应由相关领导部门牵头，建成有规模、上档次的育苗基地。在苗木种类和结构方面，应根据立地条件，选择一种或几种有发展前景和地方特色的树种，作为主打产品来抓，长期经营，以形成较大、较稳定的市场；其次根据市场需求，合理调整树种结构，在区域性生产的背景下，乡村苗圃的苗木种类不一定多，但主要品种在产量上应占有绝对优势。

2. 实行调控，扩展销路

通过林业部门对乡村苗圃生产的有效调控来确保苗木的销路。林业部门可在确定城镇绿化所需苗木的品种与数量的基础上，协调苗木市场的供求，确保乡村苗圃出圃的苗木有地可销。另外，林业部门还应及时发布苗木供求信息，引导乡村苗圃科学的调整苗木结构以适应市场需求。

3. 发展观光—生产苗圃

在一些苗圃业发达的地区，有的苗农思路开阔，他们借鉴观光农业的发展经验，对自家的苗圃进行改造，因地制宜地开展观光—生产苗圃，为苗圃业发展开辟了新思路。

观光—生产苗圃将苗圃业与第三产业结合起来，是集观光、游览、休闲、示范于一体的新型苗圃，是经济、生态和社会效益兼具的苗圃形式。目前，在广东、四川、云南、江苏等省都出现了观光—生产苗圃的雏形。例如在昆明广福路旁有个规模较大的苗圃，经营者在苗圃基地建设了垂钓池、假山，还布置了供买家、游客品茗聊天的茶室、小孩玩耍的游乐场，并将旧有建筑改建为餐厅。这里不仅园林绿化苗木品种多，规格全，而且种植布局模仿自然，极具艺术性，整个苗圃成为一个旅游休闲的好去处。买苗者、前来参观游览的客人徜徉在景色如画的苗圃之中，悠然自得，非常舒适。苗圃中种植的所有园林绿化苗木，不管是园路旁种植的草花灌木，还是池中小岛上的树木，甚至已经种在假山上的迎客松，只要客户看中，都可以出售，该苗圃的生意远胜于其他传统苗圃。由此可见，观光—生产苗圃作为一种新型苗圃的经营形式，不失为乡村苗圃发展的新思路，有条件的村庄可以考虑开展。

6.1.4 发展生态农业旅游

生态农业旅游是将农业生产、农民生活、农村环境三者合为一体进行的旅游开发形成，它经营灵活，以保护农村生态环境为基础，是我国发展农村经济和农业产业结构调整升级的重要方向，也是改造传统农业、建设现代农业的有益尝试。我国幅员辽阔，资源丰富，文化源远流长，农村的自然生态环境、经济水平和风土人情差异很大，这些都是发展农业生态旅游的良好基础。随着村庄绿化建设和环境整治的实施，乡村风光更加具有吸引力。近几年依托于乡村优美的生态环境和浓郁的地方特色，在设施农业观光园、采摘农园、花卉基地等基础上形成的生态农业旅游发展迅速，其中最常见的便为农家乐和观光采摘农园。

1. 农家乐

随着经济的发展，生态环境遭到了严重破坏，人们迫切希望吃到无公害的食品、呼吸到新鲜空气、领略到乡村田园风光，这些成为发展农家乐生态旅游的有利条件。农家乐最初的形式是由农民提供农地，让市民参与耕作。即农民将土地租给市民，用来种植花草、蔬菜、果树或经营家庭农艺，让市民体验农业生产整个过程，享受其间乐趣。而现在发展比较成熟的农家乐旅游，是一种以村庄优美环境为基础，以农户家庭为依托，由农户家庭成员自己经营，集餐饮、娱乐、休闲为一体的新型生态旅游形式。城里人在这里可以“吃农家饭、住农家院、干农家活、享农家乐”。农家乐以其浓郁的乡风满足了人们休闲娱乐多样化的需要。近几年农家乐旅游在全国遍地开花，它们规模有大有小，特色各不相同，浙江省杭州梅家坞“农家乐”就是一个典型的例子。

梅家坞是位于杭州主城区西部 6km 的自然村落，共有居民 500 多户。村周的山顶上常年云雾缭绕，空气湿度大，特别适合茶叶的生长，是著名的龙井茶产区(图 6-2)。依托于优越的地理环境、自然环境和悠久的茶文化历史，农家乐旅游发展的很好。2002 年 9 月，杭州政府对梅家坞进行了统一规划，将村庄的建筑风格加以统一；在充分尊重原有绿化的基础上，对村庄的绿化进行了统一设计，采用玉兰、茶花、桂花、香樟等乡土树种进行绿化。在村庄道路两侧增添了地方特色浓郁的雕塑，并集中对村庄的河流进行综合治理。良好的生态环境迎来了梅家坞农家乐生态旅游的春天。今日的梅家坞，青山绵绵、溪涧潺潺、茶园蓬勃，重现了“十里梅坞蕴茶香”的自然秀丽风貌，以其独特的古朴民居和醇厚的茶乡风情，成为杭州城郊最富茶乡特色的休闲观光旅游区。如画的田园风光、正宗的龙井茶、土味十足的农家菜肴吸引了杭州市民以及上海、苏南等其他城市的游客。

图 6-2 梅家坞茶园

2. 观光采摘农园

观光采摘农园是指开放成熟期的果园、菜园、瓜园、花圃等供游客进入观赏、采摘、购买。作为目前观光农业的重要形式，观光采摘农园发展相当普遍。北京海淀区的樱桃园、大兴区的西瓜节、顺义沿河的甜瓜采摘月都属于这种形式。

以京郊的大高力庄康家采摘园为例。采摘园地处北京市通州区张家湾镇的大高力村，位于京城东南部，京沈和京通快速路中间，北有城铁轻轨，东临六环，是距离北京市区最近的采摘园，交通十分便利。

大高力庄康家采摘园占地50余亩，园内以红富士苹果树为主。这里的红富士不仅质量好，而且价格非常实惠。每到金秋时节，红彤彤的苹果压满枝头，非常诱人(如图6-3)。其时总会吸引来许多的游客和附近居民，他们约上三五好友或全家几口在园里采摘、品尝丰收的果实，非常惬意。久居闹市的人们在这里既能体验采摘的乐趣，体会劳动的快乐，感受收获的喜悦，又能呼吸到清新的空气，别有一番情趣。

图6-3 采摘园优质的红富士

(资料来源：大高力庄康家采摘 http：//www.onfruit.com/Caizhai/Info/2149.htm)

适合发展观光采摘农园的村庄，可以依托原有的果蔬园，通过合理的规划设计，建设配套服务设施，发展村庄旅游经济。

6.2 村庄绿化与经济结合应注意的问题

综上所述，村庄绿化与经济发展相结合的方法较多，结合的好，将在绿化的同时给村民带来良好的经济效益，可谓一举两得。近年来，很多村庄已经将绿化与经济发展结合起来，并取得了良好效果。为实现村庄绿化与经济的可持续发展，仍有一些问题需加以注意。

1. 尊重村民意愿，进行宏观控制指导

将村庄的绿化与经济发展相结合，是造福于民的好事，但也要注意方式方法。在实际工作中，首先要了解农民群众真正需要什么，充分尊重他们的意愿，耐心做好思想工作，取得他们的支持。

只有这样，才能收到事半功倍的效果，才能得民心、顺民意。政府的宏观控制指导也非常必要，它可以保证村庄绿化有理有序，并促进产品产销一体化，确保绿化与经济健康有序的发展。

2. 立足乡土特色，避免村镇城市化

将村庄绿化与经济发展相结合时，务必立足当地乡土特色。在选择特色产品（经济林木、蔬菜、果品）时需综合考虑当地气候条件、历史因素，如杭州龙井村的茶、河北顺平县的桃都体现了当地乡土特色；另外，对村庄绿化的形式也要加以控制，切勿盲目仿效城市绿化，应确保体现乡村特色，避免村镇城市化。

3. 确保重点，力求开发与保护双赢

当前的农村生态系统已经非常脆弱，在乡村绿化与经济发展相结合的过程中，务必将恢复村庄良好的生态环境放在首位，做到“在开发中保护，在保护中开发”，力求开发与保护双赢。在发展村庄经济林木、建立苗圃时要注意与原有树木、植被的衔接；通过村庄绿化美化开发生态农业旅游项目时，应考虑开发行为对自然环境的负面影响。

4. 近远结合，确定合理的发展时序

将绿化与经济发展相结合，还要注意与当地经济发展水平相结合。在绿化过程中，应该首先做好整体规划，将村庄绿化与重点项目建设、村容村貌整治、河道治理、道路建设等结合起来考虑。绿化过程中，由于资金、技术等限制，可分期分批、逐步推进，分步实施，绝不能不顾当地经济发展水平超前建设，否则就会与改善民生的初衷背道而驰。发展经济林木时，要做好详细规划，及时造新补缺；开发农业生态旅游时，需做好长期规划，确定合理的发展时序。

7 案例剖析

7.1 浙江滕头村

图 7-1 滕头村田园风光

7.1.1 概述

滕头村位于浙江省东部奉化市城北 6km 处，距宁波市区 27km、宁波机场 15km、国家级风景名胜区奉化溪口 12km。滕头村是一个具有水乡特色的江南小村，也是国家首批 AAAA 级旅游区(见图 7-1)。

滕头村占地 $2km^2$，地势平坦，多河流，其中景区总面积 $1.1km^2$。村内现有农户 341 户，村民 817 人。

改革开放以来，滕头村艰苦奋斗，成为全国小康村，1991 年 10 月江泽民同志视察滕头村后说："这是一个不了起的村庄"。1993 年，滕头村荣获联合国"全球生态五百佳"。联合国副秘书长伊丽莎白·多德斯韦尔女士也评价说："世上很少有这样整洁的村庄"。2008 年，全村实现 GDP5.79 亿元，社会总产值 36.46 亿元，利税 3.62 亿元，村民人均收入达 22000 元。

7.1.2 村庄绿化现状

滕头村作为园林建设较为完善的村庄形态，其村庄绿化已经达到了较高层次——适宜开展乡村旅游，实现生态和经济的协调发展。

1. 道路绿化

凭借雄厚的经济实力，滕头村道路建设标准较高。村内道路较窄，多为一板两带，在沥青路面两侧为铺装步行道，步行道上设有树池，种植香樟等阔叶树，树下栽植酢浆草，无裸露地面。道路夏季荫凉，植物色彩丰富，实用和观赏价值均高。住区与非住区之间的道路，在住区一侧设置花池，种植大量观赏灌木、草本花卉，层次丰富。通往旅游开发区的道路中央隔离带采用分段种植池形式，池内种植高大乔木，结合旅游取名“将军林”。该道路沿河一侧为特色柑橘林带(图 7-2)，即具有道路特色，也带来了旅游经济收益。

图 7-2 柑橘观赏林

2. 公共绿地绿化

滕头村的公共绿地(图 7-3)呈点线面三种形式，辐射全村。村庄内建有农民公园和民俗公园两个较大型公共绿地，也有住区附近方

图 7-3 滕头村农民公园

便村民活动的小型绿地(图 7-4)。农民公园内有一湖泊水体，水面设曲桥分隔，水岸用栏杆围合，岸边垂柳掩映；水体一侧建有仿古凉亭，实用美观；沿水岸布置有许多村内苗圃生产的盆景，高雅大方。盆景树种有罗汉松、雀舌黄杨、红花檵木、白花檵木等，艺术价值很高。公园内植有桂花、紫薇、雪松等园林树种，营造出一片和谐的自然景象，深受村民的喜爱。街头绿地内设有运动器械、休憩设施等。公共绿地很好地满足了本村的绿化美化需求，植物群落色彩丰富、层次分明，四时景色不断。

图 7-4 滕头村街头绿地

3. 水系绿化

滕头村内河道丰富，具有南北、东西两条主河，绿化较好。南北走向河流沿线种有大量黄馨，翠绿枝条下垂至水面，花开时节布满点点黄色，格外醒目。河上多木桥，淡色小桥与翠色植物相得宜章，观赏效果好。东西向河流沿岸种植垂柳，树下种植有黄馨、柑橘，河岸为仿自然式驳岸，间隔设有河埠头方便人们亲近水面(图 7-5)。

图 7-5 滕头村河道绿化

4. 庭院绿化

滕头村依照新农村建设的标准，建有统一规划的村民住区，庭院采用统一设计的绿化模式。庭院绿化布局为南侧建设高出地面的花台，种植桂花、小叶女贞、美人蕉等园林植物，花台前布置盆景。住宅区建筑四周设计为乔灌草植物群落，配置园林小品，园林效果好。

5. 附属绿地绿化

政府机构、文化机构、旅游机构是滕头村内的主要单位。滕头村村委会绿化较好，沿院墙一侧设置花池，种植修剪精细的红花檵木绿篱、色叶树种鸡爪槭、香花植物桂花、乔木雪松和香樟等村委会主建筑前设有假山水池，宛若一小型古典园林圣地。一些单位建筑、院墙顶部植有绿色植物，有效地增大了绿量。

6. 其他绿化

滕头村苗圃基地(图 7-6)是在滕头村委会的带领下发展起来的，它不仅为村内绿化提供所需苗木，而且通过对外销售创造经济效益。滕头园林苗圃创建于 20 世纪 70 年代初期，苗木以大、中规格乔木为主，花灌木为辅。苗圃所产苗木规格全、品质高，销售态势良好。

村内开发建设了观光采摘农园。滕头人依照“生态、绿色”理念，培育了绿色无公害的生态小青瓜、草莓、葡萄、黄花梨、玫瑰等果蔬花卉，设计为采摘园园区，分季节开放，全年不断。

图 7-6 色彩丰富的苗圃基地

为顺应旅游市场发展，滕头村还开发了一系列景区景点，如婚育新风园、将军林、橘观赏林。此外，滕头村还建有科学教育基地和野营基地。

7.1.3 经验总结

滕头村在发展过程中始终立足于保护和改善生态环境，把生态环境、经济发展、先进文化建设三者结合起来，走可持续发展道路，使人们在参观、游玩、体验的过程中获得知识，感受社会主义新农村的风貌与魅力。作为新农村园林建设与经济发展相结合的成功典范，其经验值得借鉴。

1. 重视生态环境

纵观滕头村的发展历程，其中最突出的一点就是重视生态环境建设。把建设优美生态环境、提高村民生活质量作为重点来抓，村里每年都拿出相当数额的资金用于生态环境建设，做到年年有投入、年年有建设，年年有变化。在村庄绿化建设的同时，滕头村相继制定一系列规章制度，使保护生态环境成为每一位滕头人的自觉行动。不以牺牲环境来发展旅游业，使滕头村实现了环境建设与经济发展的双赢，走上了一条以“旅游”养生态，以生态促“旅游”的可持续发展之路。

2. 兼顾经济效益

滕头村建有自己的园林苗圃基地，苗木质量较高，村庄绿化植物材料有了保障且节约了资金。同时，滕头村探索出一系列立体农业模式，如颇具滕头特色的“葡萄河”：河边种葡萄藤，葡萄藤下养鸟，鸟笼下边是鱼池。葡萄结子喂鸟、鸟粪喂鱼，河里的污泥再用来肥田，形成循环往复的生物链、层次丰富的景观河。村内重视科技示范农业和特色农业，开展集生产、休闲、观光、旅游为一体的村庄绿化建设，实现生态和经济的良性循环。

7.2 山东常路村

受地方经济发展的限制，北方某些村镇的村庄绿化发展较为缓慢，主要绿化集中在乡镇驻地，自然村绿化较少。该例是以北方某乡镇驻地的绿化建设为例，探讨北方绿化推广的有效方案。

7.2.1 概述

常路村地处山东省临沂地区，位于常路镇堂阜河畔。村庄占地呈长方形，地势南、北高，中间低，南部为青石山区，北部为砂石低山区，中部较平坦，具有明显的大陆性气候特征。

常路村地理位置优越，交通便利。村域中部有堂阜河穿过，河流东北岸为已建成的常路公园。205 国道在村域中部呈 L 形贯穿，良好的交通优势为该村的未来带来了更多的发展机遇。

2004 年 12 月，由常路、西三庄、小常路合并为现常路村居委，包括常路、小常路、河东崖、东山、西三庄等自然村，村内共有耕地 4261 亩，1238 户，3914 人。据县志记载：明永乐年间，于姓从山西来此建村，因村旁延伸很长的大路，得名长路，后演变为常路。现村庄耕地主要为大棚蔬菜、大棚油桃为主的经济用地，村北是以玉米、花生、小麦、棉花为主的种植用地，村庄南侧低山区主要为花生种植基地和少量果园。

7.2.2 村庄绿化现状

1. 道路绿化

村内主要道路为 205 国道，沥青路面，为三板两带式。道路沿线为村内的主要商业街区，整个村落沿路分布。道路绿化采用中间高四周低的组团重复布置，中间植物选用木槿、黄杨球或紫薇、黄杨球高低相间栽植；围合植物选用低矮的雀舌黄杨。春末和夏季为主要的观赏时节，此时错落有致的结构层次、色彩丰富的植物组合令人赏心悦目，得到村民和过路乘客的一致好评。

通往主要村民住区的道路是近两年绿化建设的重点，早在建筑规划之初就在水泥路面与建筑之间规划了种植池，植物栽植正在不断完善中。平坦的道路两侧，是粉刷一新的米黄色墙面，墙下是用雀舌黄杨围合的种植池，池内以月季为主，常见住户种植的大葱、青菜、白菜；并且有南瓜、丝瓜等藤本植物沿墙而上，十分漂亮。(图 7-7)。

2. 公共绿地绿化

村域面积较小，住宅集中的片区几乎没有较大面积的公共绿地，住区小型绿地亦较少。村委会附近有大约 300m^2 的长方形绿地，内部道路呈十字形布置，以白三叶铺地，栽植海桐、木槿、雪松、紫薇，并用雀舌黄杨镶边，周围配有装饰性照明设施，也是夜

图 7-7 具有田园特色的村庄路侧绿化

晚散步的好去处。绿地北侧设有篮球场，受到青少年朋友的喜爱。春秋之间、花开时节，色彩鲜艳，很好的美化了村庄环境。

村域主要公共绿地为建于河畔的常路公园。紫藤廊架、标志雕塑、石狮子、古凉亭、假山石、园林植物的合理配置，提供给村民丰富的休闲和聚会场所。绿化植物主要由垂柳、紫藤、月季、木槿、紫薇、塔柏、黄杨、雀舌黄杨、白三叶、酢浆草等，四时风光各有特色。沿河呈带状布置的公园，有接近水面的埠头台阶，满足人们的亲水需求。公园内设置有大量的休憩设施，包括石桌椅、古凉亭、花架、雕塑、蘑菇亭等，使用状况良好。无论是夏季还是严冬、白天还是晚上，都可以遇见游玩的人们。河对岸的植物配置也在不断完善中，初步建设的群落层次已经具有很好的观赏价值。公园东侧，穿过公路即是大片的桃园，游公园看桃花也是春季的重要活动。隆冬季节，常见有踏雪而游的村民，以及冰面上游戏的儿童。(图 7-8)

图 7-8 生机盎然的村庄绿地

3. 水系绿化

通过河道开挖和疏浚，村内河面宽度有50余米，村域设有三道堤坝，水质较好，常见鱼虾、水禽。该河长年水流不断，水量在汛期时盈满，旱季部分河床裸露为绿草覆盖，下游河床出露面积较大处常见有村民种植的花生等作物。人工堤岸、自然耐水植物、耕种的农田、水滨的果园、垂柳，共同构成了一幅优美画面。水量较小时，河滩上常见在水边洗衣的女子、水中嬉戏的鹅鸭，一派宁静祥和的乡村景象。

4. 庭院绿化

该村住宅多为自主建设，未经统一布局和规划，庭院布置差异较大。新建住宅多为三面建筑，庭院面积较小，多为水泥浇筑，设置花台，种植可简易管理的花草。原有建筑多为房屋坐北朝南，院落在前，房前设置花池，种植万寿菊、百日草、半枝莲、月季、大丽花等；院落内多栽植石榴、樱桃、枣、梨、杏等果树，也有村民栽植冠大用材树种作夏季遮荫；往往设置棚架，种植葡萄，架下设养殖兔、鸡等的笼架，遮荫、采果、养殖，综合收益较好；立支架种植芸豆、丝瓜等蔬菜也较为常见。许多村民在院落外侧划出地块设置篱笆，种植竹子、草花、应季蔬菜或者香椿等经济树种，美化和实用相结合。(图7-9)

图7-9 院墙外绿化，富有乡土气息

5. 附属绿地绿化

该村有灯泡厂、木材厂及供电局、农村合作社、学校、村委会等一些单位，他们的内部绿化较好。一般布置方式是在院落一角设置种植池，构建有层次的园林植物景观。以某一灯泡厂为例，在厂区规划有道路便于交通运输，道路两侧种植生长力强健的草本花卉，道路间栽植速生用材树种毛白杨。在树木苗期，林下栽植有花草或农作物，具有乡土气息。

6. 其他绿化

村域内果园面积较大，穿插在住宅片区之间，既是经济收入来源，也是村庄生态维护的重要组成部分。村内农田垄间或住宅与农田交界的部分多为速生用材林，很好的丰富了村庄绿色环境。

7.2.3 经验总结及问题分析

1. 经验总结

1）绿化的适用性

村庄绿化不同于城市绿化，要因地制宜，选择适合本地的植物以及绿化形式进行布置，这样才能取得好的效果。

2）绿化的实用性

村民往往在自家地块种植一些可以食用、获取经济价值的植物，即使是门前的绿化种植池内出现空缺也常被这类植物所填充，这反映了村民的一种绿化结合实用的意识，可加以引导、发扬。公共绿地内的休憩设施也是绿地实用性的一个重要组成部分。

3）绿化的长期性

村庄绿化应该满足季相景观。北方农村的绿化需要注意维护好冬季落叶后的植物景观，保证即使在缺乏生机的季节里公园内仍有景可赏，仍可供游人活动。

4）绿化的经济性

该村用于绿化的植物种类较少，且都是些便于管护的品种，投资可以相对缩减。附属绿地绿化为单位所有，庭院绿化为住户所有，谁拥有谁管护谁收益，更容易为大家所接受。

2. 问题分析

该村地处我国北方，经济并不十分发达，其绿化覆盖面积并不大，主要绿化集中在道路和滨河公园部分，村庄内部规划建设的绿化较少。冬季绿化植物景观的保持较为困难，那些夏季观赏价值较好的绿地，在冬季常出现一定的衰败迹象。特别是在村庄内部那些未加绿化规划的部分，夏季凭借住户的勤劳栽植，大量植物美化了生活空间；但是冬季枯萎后缺少绿色，给人以萧条之感。因此，下一步的村庄绿化工作应加强规划的全面性和针对性，增加季相植物的配置，保证绿化的四季效果。

受经济条件限制和传统的“重绿化、轻养护”观念的影响，绿地的后期维护工作并不十分到位，部分区块出现了不同程度的损坏。村庄内部路面硬化程度较高，绿化面积较少。这些问题提醒我们在建设之初需要全面的绿化规划，尽量选用乡土适生植物，以方便绿化的良好实施和维护。

附录　绿化植物列表

(1) 乔木

植物名	桂花	
科目	木犀科	
株高	可达 12m	
特性	常绿。树冠圆头型，枝叶繁茂，花芳香。喜光，稍耐阴，不耐寒，不耐涝，不耐盐碱土质	
用途	园景树、四旁绿化、厂矿绿化	
适用地区	淮河流域及其以南地区	

植物名	雪松	
科目	松科	
株高	可达 50m 以上	
特性	常绿。树冠塔形，主干耸直，侧枝平展。喜光，不耐水湿，浅根性，不抗风，不抗烟尘	
用途	园景树	
适用地区	长江流域地区	

植物名	圆柏	
科目	柏科	
株高	可达 20m	
特性	常绿。树冠尖塔形或圆锥形。喜光，耐阴，耐寒，耐热，耐修剪，抗多种有害气体	
用途	园景树	
适用地区	全国各地	

植物名	广玉兰(洋玉兰、荷花玉兰)
科目	木兰科
株高	可达 30m
特性	常绿。树冠阔圆锥形，叶大，花极大，芳香。喜光，耐阴，较耐寒，深根性，抗有毒气体
用途	园景树、厂矿绿化
适用地区	长江流域及其以南地区

植物名	乐昌含笑(广东含笑)
科目	木兰科
株高	15～30m
特性	常绿。树干挺拔，树荫浓郁，花香醉人。喜光，喜温暖湿润，较耐寒，不耐干旱
用途	园景树、行道树
适用地区	西南、华东至华南

植物名	苏铁(铁树、凤尾蕉、凤尾松)
科目	苏铁科
株高	可达 5m
特性	常绿。茎干圆柱状，不分枝，叶从茎顶部生出，羽状复叶，大型。喜光，稍耐半阴，喜温暖，不甚耐寒
用途	园景树
适用地区	华南

植物名	青杄(细叶云杉)
科目	松科
株高	可达 50m
特性	常绿。树冠圆锥形。耐阴性强，耐寒，喜凉爽湿润气候，喜排水良好、适当湿润的中性或微酸性土壤
用途	园景树、用材树
适用地区	西北、华北至华南

植物名	云杉	
科目	松科	
株高	可达45m	
特性	常绿。树冠广圆锥形，枝叶茂密。耐阴，耐寒，生长缓慢，浅根性，喜中性和微酸性土壤	
用途	园景树、行道树	
适用地区	东北、华北、西北	

植物名	罗汉松	
科目	罗汉松科	
株高	可达20m	
特性	常绿。树冠广卵形，树形古雅，种子与种柄组合奇特。耐半阴，耐潮风，不耐寒，抗多种有害气体	
用途	园景树、绿篱	
适用地区	长江以南地区	

植物名	湿地松	
科目	松科	
株高	20～36m	
特性	常绿。苍劲而速生，材质好，松脂产量高。喜光，不耐阴，耐寒，抗高温，耐旱，耐水湿，耐短期水淹	
用途	风景区造林、园景树	
适用地区	黄河流域以南地区	

植物名	油松	
科目	松科	
株高	可达25m	
特性	常绿。树冠在壮年呈塔形或广卵形，老年期呈盘状或伞形。强阳性，耐寒，耐旱，耐瘠薄	
用途	园景树、行道树	
适用地区	北方地区	

植物名	侧柏(扁柏、香柏)
科目	柏科
株高	可达 20m
特性	常绿。幼树树冠尖塔形，老树广卵形。较耐寒，耐干旱，耐贫瘠，不耐水淹，抗风力较差
用途	行道树、绿篱
适用地区	全国各地

植物名	柳杉
科目	杉科
株高	可达 40m
特性	常绿。树冠圆锥形，树体高大，树干通直，树姿秀丽。不耐严寒、干旱和积水，抗风力差，抗有毒气体
用途	园景树、墓道树、风景林
适用地区	长江流域及其以南地区

植物名	深山含笑
科目	木兰科
株高	可达 20m
特性	常绿。枝叶茂密、树形美观，早春开花。喜光，幼时较耐阴，喜温暖、湿润环境，有一定耐寒力
用途	园景树、四旁绿化、用材树
适用地区	华东南部至华南

植物名	蚊母树
科目	金缕梅科
株高	可达 25m
特性	常绿。树冠开展，球形，栽培时常呈灌木状。喜阳，能耐阴，较耐寒，耐修剪，抗污染力强
用途	园景树、工厂绿化、四旁绿化
适用地区	东南沿海各地区

植物名	杨梅
科目	杨梅科
株高	可达 12m
特性	常绿。树姿优美，叶色浓绿。中性，稍耐阴，不耐寒，深根性，萌芽力强，抗二氧化硫、氯气等有害气体
用途	四旁绿化、园景树、防火林
适用地区	长江以南各地区

植物名	木荷
科目	山茶科
株高	20～30m
特性	常绿。树体高大，树冠广卵形，夏天开花，白色，芳香。喜光，喜暖热湿润气候，深根性
用途	庭荫树、风景林
适用地区	华东至华南

植物名	杜英
科目	杜英科
株高	10～20m
特性	常绿。树冠卵球形，秋冬至早春部分树叶转为绯红色。稍耐阴，根系发达，萌芽力强，耐修剪
用途	园景树、厂矿绿化、防护林
适用地区	南方各地区

植物名	枇杷
科目	蔷薇科
株高	4～10m
特性	常绿。叶粗大革质，花白色芳香。喜光，稍耐阴，不耐寒，喜温暖湿润排水良好土壤
用途	四旁绿化、园景树
适用地区	南方各地区

植物名	冬青	
科目	冬青科	
株高	可达13m	
特性	常绿。树冠卵圆形，枝叶茂密。喜光，稍耐阴，较耐潮湿，不耐寒，萌芽力强，耐修剪，深根性	
用途	园景树、绿篱	
适用地区	长江流域及其以南地区	

植物名	女贞	
科目	木犀科	
株高	可达10m	
特性	常绿。枝叶清秀，终年常绿。夏季白花满树。喜光稍耐阴，不耐干旱，不耐瘠薄，深根性，耐修剪	
用途	园景树、四旁绿化、行道树	
适用地区	西北、华北南部，长江流域及以南	

植物名	香樟	
科目	樟科	
株高	20～30m，可达50m	
特性	常绿。枝叶茂密、冠大荫浓。喜光，稍耐阴，耐寒性不强，较耐水湿，不耐干旱瘠薄，耐修剪，深根性	
用途	庭荫树、行道树、防护林、风景林	
适用地区	南方各地区	

植物名	棕榈	
科目	棕榈科	
株高	可达10m	
特性	常绿。树干圆柱形，叶簇生干顶，近圆形。耐阴，较耐寒，能耐一定的干旱和水湿	
用途	园景树、厂矿绿化	
适用地区	秦岭以南地区	

植物名	蒲葵	
科目	棕榈科	
株高	10～20m	
特性	常绿。树冠密实，近圆球形，外形与棕榈较相似。喜高温多湿，耐阴，耐寒力差	
用途	园景树	
适用地区	华南和西南部分地区	

植物名	毛竹	
科目	禾本科	
株高	10～25m	
特性	常绿。秆高、叶翠，四季常青，秀丽挺拔，经霜不凋。喜温暖湿润气候，忌排水不良的低洼地	
用途	园景树、风景林	
适用地区	南方各地区	

植物名	紫竹(黑竹)	
科目	禾本科	
株高	3～10m	
特性	常绿。新竹绿色，秋冬季逐渐呈现黑色斑点，以后全秆变为紫黑色。阳性，喜温暖湿润气候，稍耐寒	
用途	园景树	
适用地区	华北以南各地区	

植物名	假槟榔	
科目	棕榈科	
株高	20～30m	
特性	常绿。干有梯形环纹，基部略膨大。羽状复叶簇生干顶。喜高温，抗风力强，喜光，不耐阴	
用途	园景树、行道树	
适用地区	华南、西南	

植物名	龙柏	
科目	柏科	
株高	可达 20m	
特性	常绿。树形呈圆柱状，小枝略扭曲上升。喜光但耐阴性很强，较耐寒，耐干旱，耐贫瘠	
用途	行道树、绿篱	
适用地区	华北南部及华东	

植物名	石楠	
科目	蔷薇科	
株高	可达 12m	
特性	常绿。树冠球形，幼叶带红色。喜光，耐阴，萌芽力强，耐修剪，不耐水湿	
用途	园景树	
适用地区	我国中部及南部	

植物名	银杏(白果树、公孙树)	
科目	银杏科	
株高	20～30m	
特性	落叶。叶扇形，秋叶金黄。喜光，较耐旱，不耐积水，耐寒。叶可入药，果可食用。生长慢，寿命极长	
用途	行道树、庭荫树、结合生产	
适用地区	沈阳以南、广州以北地区	

植物名	白玉兰(玉兰、木花树、望春花)	
科目	木兰科	
株高	可达 15m	
特性	落叶。花大，洁白而芳香，花期 3～4 月。喜光，稍耐阴，颇耐寒，肉质根，畏水淹	
用途	庭荫树、行道树	
适用地区	全国各地	

植物名	合欢	
科目	豆科	
株高	可达16m	
特性	落叶。树冠开展呈伞形，叶形雅致，盛夏绒花满树。喜光，耐寒性略差，耐干旱瘠薄，不耐水湿	
用途	庭荫树、行道树	
适用地区	黄河流域至珠江流域的广大地区	

植物名	槐树(国槐)	
科目	豆科	
株高	15～25m	
特性	落叶。树冠宽广，枝叶茂密，小枝绿色。花黄白色，花期7～8月。深根性，耐修剪。喜光、耐寒	
用途	庭荫树、行道树	
适用地区	华北、西北、长江流域	

植物名	垂柳	
科目	杨柳科	
株高	可达18m	
特性	落叶。枝条细长，柔软下垂，随风飘舞，姿态优美。对有毒气体抗性较强。喜光，较耐寒，极耐水湿	
用途	庭荫树、厂矿绿化、河岸绿化	
适用地区	长江流域至华南地区	

植物名	梧桐(青桐)	
科目	梧桐科	
株高	15～20m	
特性	落叶。树干通直，树皮光滑、绿色。叶片大，绿荫浓密，秋叶凋落早。喜光，喜温暖湿润气候，耐寒性差	
用途	庭荫树、行道树、厂矿绿化	
适用地区	长江流域	

植物名	木棉	
科目	木棉科	
株高	可达 40m	
特性	落叶。树形高大雄伟，树冠整齐。早春先叶开花，花红似火，十分美丽。喜光，很不耐寒，较耐干旱	
用途	行道树、庭荫树	
适用地区	华南	

植物名	水杉	
科目	杉科	
株高	可达 35m	
特性	落叶。树冠圆锥形，姿态优美，秋叶转为棕褐色。阳性速生树种，喜温暖湿润气候，既不耐涝也不耐旱	
用途	园景树	
适用地区	华东、华中、西南	

植物名	落羽杉	
科目	杉科	
株高	可达 50m	
特性	落叶。树干挺直，枝条平展，大树的枝略下垂，叶条形，秋叶棕褐色。强阳性树种，极耐水湿，抗风性强	
用途	园景树、低地、水边绿化	
适用地区	长江流域及华南地区	

植物名	旱柳(柳树)	
科目	杨柳科	
株高	可达 18m	
特性	落叶。大枝斜展，树冠丰满。发叶早，极易成活，生长快。喜光、耐寒、抗风，湿地、旱地皆能生长	
用途	防风林、行道树、四旁绿化	
适用地区	东北、西北、华北及淮河流域	

植物名	胡桃(核桃)	
科目	胡桃科	
株高	可达 30m	
特性	落叶。树冠庞大，枝叶茂密。树体挥发具杀菌功效的气体，果实营养丰富。喜光，耐寒，不耐湿热	
用途	四旁绿化、厂矿绿化、结合生产	
适用地区	辽宁南部至华南、西南	

植物名	白桦	
科目	桦木科	
株高	可达 25m	
特性	落叶。树干修直，洁白雅致，枝叶扶疏。强阳性，耐严寒，喜酸性土，耐瘠薄，适应性强	
用途	行道树、风景林、防护林	
适用地区	东北、华北地区	

植物名	榉树(大叶榉)	
科目	榆科	
株高	可达 25m	
特性	落叶。树形雄伟，枝叶细美，木材优良。喜光，忌积水，不耐干旱瘠薄。耐烟尘，抗有毒气体	
用途	四旁绿化、厂矿绿化、防风林	
适用地区	长江中下游至华南、西南	

植物名	桑树	
科目	桑科	
株高	可达 16m	
特性	落叶。树冠宽广，枝叶茂密，秋季叶色变黄。喜光，耐寒，耐干旱瘠薄和水湿。抗风，抗有毒气体	
用途	四旁绿化、厂矿绿化、结合生产	
适用地区	各地广为栽培，长江中下游地区应用甚广	

植物名	悬铃木	
科目	悬铃木科	
株高	可达 35m	
特性	落叶。树冠雄伟，叶大荫浓，抗污染能力强。喜光，耐干旱瘠薄，不耐水湿。树大根浅，抗风力弱	
用途	行道树、庭荫树、厂矿绿化	
适用地区	全国各地	

植物名	垂丝海棠	
科目	蔷薇科	
株高	可达 5m	
特性	落叶。树冠疏散，枝开展。花繁色艳，朵朵下垂。喜温暖湿润气候，耐寒性不强	
用途	庭园观赏树	
适用地区	华东、华中、西南	

植物名	梅花	
科目	蔷薇科	
株高	可达 10m	
特性	落叶。植株苍劲古雅，冬季或早春叶前开花，品种繁多。喜光，对土壤要求不严，耐干旱瘠薄，不耐涝	
用途	植于庭院、草坪、低山丘陵	
适用地区	华东、西南	

植物名	皂荚(皂角)	
科目	豆科	
株高	15～30m	
特性	落叶。冠大荫浓，枝刺发达，花期 4～5 月，果熟期 10 月。对土壤要求不严，生长速度慢但寿命很长	
绿化用途	庭荫树、四旁绿化	
适用地区	全国各地	

植物名	臭椿
科目	苦木科
株高	可达30m
特性	落叶。树干通直，树冠圆整。叶大荫浓，秋季红果满树。抗烟尘和SO_2。耐干旱、瘠薄，不耐水湿
用途	山地造林、厂矿绿化、四旁绿化
适用地区	东北南部、华北、西北至长江流域

植物名	香椿
科目	楝科
株高	可达25m
特性	落叶。树干耸直，枝叶茂密，嫩叶红艳，可食用。喜光，有一定耐寒力，萌蘖力强，抗有毒气体
用途	庭荫树、四旁绿化、结合生产
适用地区	东北南部、华北至东南和西南各地

植物名	苦楝(楝、苦楝)
科目	楝科
株高	15～20m
特性	落叶。树形优美，叶形秀丽，花淡紫色，花期4～5月。喜光，不耐阴，喜温暖湿润气候。生长快，寿命短
用途	庭荫树、行道树、用材树
适用地区	华北南部至华南、西南

植物名	火炬树(鹿角漆)
科目	漆树科
株高	可达8m
特性	落叶。秋季叶色红艳或橙黄，冬季雌株上仍可见满树“火炬”。耐寒，耐旱，耐盐碱。生长快，寿命短
用途	水土保持树种
适用地区	东北南部、华北、西北

植物名	栾树(灯笼树)	
科目	无患子科	
株高	可达 15m	
特性	落叶。树形端正，春季嫩叶红色，入秋变黄。小花金黄，蒴果形似灯笼。花期 6～7 月，果期 9～10 月。喜光，耐半阴，耐寒，耐干旱瘠薄	
用途	庭荫树、行道树、厂矿绿化	
适用地区	全国各地	

植物名	柿树(朱果、猴枣)	
科目	柿树科	
株高	可达 15m	
特性	落叶。枝繁叶大，秋季叶色变红。果期 9～10 月，果红似火。性强健，喜温暖湿润气候，也耐干旱	
用途	四旁绿化、林网用树、结合生产	
适用地区	全国各地	

植物名	毛泡桐(紫花泡桐、绒毛泡桐)	
科目	玄参科	
株高	15m 左右	
特性	落叶。花大，紫色，花期 4～5 月。强阳性，不耐庇荫，较耐干旱而不耐积水。抗有毒气体，能吸附烟尘	
用途	庭荫树、四旁绿化、厂矿绿化	
适用地区	东北、华北、华东、华中及西南	

植物名	梓树	
科目	紫葳科	
株高	10～20m	
特性	落叶。树冠开展，5～6 月开淡黄色花。颇耐寒，在暖热气候下生长不良。深根性，抗有毒气体	
用途	行道树、庭荫树、四旁绿化	
适用地区	东北、华北至华南北部	

植物名	楸树(金丝楸)
科目	紫葳科
株高	可达 30m
特性	落叶。树干耸直。花冠浅粉色，内有紫红色斑点，花期 4～5 月。喜光，不耐寒，不耐干旱和水湿
用途	行道树、庭荫树、四旁绿化
适用地区	黄河流域和长江流域

植物名	刺槐(洋槐)
科目	豆科
株高	可达 25m
特性	落叶。树冠高大。4～5 月开花时绿白相映，素雅而芳香。耐干旱瘠薄，萌蘖性强，生长快，不抗风
用途	庭荫树、行道树、四旁绿化
适用地区	华北、西北、东北南部

植物名	桤木(水冬瓜、水青冈)
科目	桦木科
株高	可达 25m
特性	落叶。喜水湿，多生于河滩低湿地。根系发达有根瘤，速生，可固土护岸，改良土壤
用途	岸边绿化、用材树
适用地区	西南、西北南部、华东

植物名	喜树(旱莲、水栗、水桐树)
科目	蓝果树科
株高	可达 30m
特性	落叶。树姿雄伟，花朵清雅，新叶紫红。喜光，不耐严寒，温暖地速生。深根性，萌芽力强，较耐水湿
用途	庭荫树、行道树
适用地区	长江以南

植物名	柽柳(黄金条、三春柳)
科目	柽柳科
株高	5～7m
特性	落叶。枝条细柔，姿态婆娑，花红色，花期4～9月。耐寒，耐旱，耐热，耐盐碱。萌蘖力强，生长快
用途	防风固沙、盐碱地改良树种
适用地区	西北、华北、华东、华南

植物名	胡杨(胡桐)
科目	杨柳科
株高	10～25m
特性	落叶。树皮灰褐色，不规则纵裂。适应能力很强，耐大气干旱和高温，也较耐寒，抗盐碱和风沙
用途	盐碱地、沙荒地绿化
适用地区	西北

植物名	加杨(加拿大杨、欧美杨)
科目	杨柳科
株高	可达30m
特性	落叶。树体高大，绿荫浓密，叶大而有光泽。萌蘖力强，生长快，适应性强，喜温暖湿润气候
用途	行道树、防护林、四旁绿化
适用地区	除广东、云南、西藏外各地

植物名	枫杨
科目	胡桃科
株高	可达30m
特性	落叶。树冠广展，枝叶茂密。萌蘖力强，生长快。耐水湿，抗有毒气体，叶片有毒
用途	行道树、低湿地绿化
适用地区	华北、华东、华中至华南

植物名	鸡爪槭	
科目	槭树科	
株高	可达 10m	
特性	落叶。单叶对生，叶形美观，掌状七裂，入秋后转为鲜红色。喜光，也较耐阴，对 SO_2 和烟尘抗性较强	
用途	园景树、庭院观赏树	
适用地区	长江流域	

植物名	香花槐(富贵树)	
科目	豆科	
株高	10～15m	
特性	落叶。叶深绿而有光泽，花粉红，芳香，多季开花。速生，栽植易成活。耐寒、耐干旱、耐瘠薄、耐盐碱	
用途	荒山造林、道路绿化、固沙树种	
适用地区	全国各地	

植物名	元宝枫	
科目	槭树科	
株高	8～10m	
特性	落叶。树姿优美，嫩叶红色，秋叶又变黄或红。耐半阴，耐寒，较抗风，不耐干热和强烈日晒	
用途	行道树、庭院观赏树	
适用地区	东北、华北、华中、华南	

植物名	白蜡	
科目	木犀科	
株高	可达 15m	
特性	落叶。树干通直，树形端正。枝叶繁茂，小枝光滑，秋叶橙黄。耐寒、耐涝、耐盐碱、耐干旱	
用途	行道树、遮荫树	
适用地区	东北中南部至华南地区	

植物名	苹果	
科目	蔷薇科	
株高	可达 15m	
特性	落叶。花白色略带红晕，果实鲜艳，果熟期 7～11 月。喜阳光充足、冷凉、干燥的环境，不耐瘠薄	
用途	四旁绿化、结合生产	
适用地区	东北南部及华北、西北	

植物名	梨	
科目	蔷薇科	
株高	5～8m	
特性	落叶。春天开花，满树雪白，果可食用。花期 4 月，果熟期 8～9 月。喜光，喜干燥冷凉环境，较抗寒	
用途	四旁绿化、结合生产	
适用地区	华北、东北南部、西北	

植物名	桃	
科目	蔷薇科	
株高	可达 8m	
特性	落叶。花粉红色，开花时烂漫芳菲，花期 3～4 月。果熟期 6～9 月。喜光，耐旱，不耐水湿，有一定的耐寒力	
用途	园景树、四旁绿化、结合生产	
适用地区	除黑龙江外，全国各地	

植物名	山楂	
科目	蔷薇科	
株高	可达 6m	
特性	落叶。花白色，果实鲜红可爱，结果多。花期 5～6 月，果期 9～10 月。喜光，稍耐阴，耐干旱贫瘠	
用途	庭荫树、行道树、结合生产	
适用地区	东北、华北	

植物名	李
科目	蔷薇科
株高	可达 12m
特性	落叶。花白色，非常繁茂，花期 3～4 月，果熟期 7 月。喜光，也能耐半阴。耐寒，不耐干旱和瘠薄
用途	庭荫树、四旁绿化、结合生产
适用地区	华北、东北、华东、华中

植物名	碧桃
科目	蔷薇科
株高	可达 8m，一般控制在 3～4m
特性	落叶。花大色艳，先叶开放。喜光、耐旱，喜肥沃、排水良好土壤，耐寒力不如果桃
用途	园景树
适用地区	西北、华北、华中、华东、西南

植物名	无花果
科目	桑科
株高	可达 10m
特性	落叶。叶片宽大，果实奇特，夏秋果实累累。喜光，不耐寒，不抗涝，较耐干旱
用途	庭院绿化、经济树种
适用地区	华北至长江流域

植物名	紫荆(紫满江红)
科目	豆科
株高	可达 15m
特性	落叶。花簇生老干上，先于叶或与叶同放。喜光，较耐寒，不耐淹，萌芽力强，耐修剪
用途	园景树
适用地区	西北南部，华北及其以南地区

（2）灌木

植物名	大叶黄杨(冬青卫矛、正木)	
科目	卫矛科	
株高	可达 8m	
特性	常绿灌木或小乔木。喜光，较耐阴，耐寒性不强，耐修剪整形，抗各种有害气体和烟尘	
用途	基础种植、四旁绿化、厂矿绿化	
适用地区	全国各地	

植物名	红叶小檗	
科目	小檗科	
株高	2～3m	
特性	落叶灌木。枝叶细密而有刺，春开黄花，秋缀红果，叶、花、果俱美。耐寒，耐旱，萌芽力强，耐修剪	
用途	基础种植、地被	
适用地区	全国各地	

植物名	珊瑚树(法国冬青)	
科目	忍冬科	
株高	2～10m	
特性	常绿灌木或小乔木。春天开白花，深秋挂红果。喜光，稍耐阴，根系发达，萌芽力强，耐修剪，易整形	
用途	基础种植、工厂绿化	
适用地区	华东至华南	

植物名	柑橘	
科目	芸香科	
株高	2～3m	
特性	常绿。枝叶茂密，树姿整齐。喜温暖湿润气候，耐寒性较柚、酸橙、甜橙稍强	
用途	四旁绿化、园景树	
适用地区	长江以南各地区	

植物名	含笑
科目	木兰科
株高	2～5m
特性	常绿。树冠圆形，分枝多而紧密，花白色、芳香。喜暖热湿润，不耐寒，喜半荫，喜酸性及排水良好土壤
用途	园景树
适用地区	长江流域及其以南地区

植物名	榆叶梅
科目	蔷薇科
株高	3～5m
特性	落叶。叶似榆叶，早春开花。性喜光，耐寒，耐旱，不耐水涝
用途	园景树、道路绿化
适用地区	北方各地区、华东地区

植物名	阔叶十大功劳
科目	小檗科
株高	4m
特性	常绿。叶形奇特，典雅美观，总状花序，着生在茎秆顶端的叶腋。性强健，耐阴
用途	绿篱、基础种植
适用地区	华北以南大部分地区

植物名	狭叶十大功劳
科目	小檗科
株高	2m
特性	常绿。叶狭披针形。性强健，耐阴，耐寒性不强
用途	基础种植、绿篱
适用地区	西南、华东、华中

植物名	南天竹
科目	小檗科
株高	2m
特性	常绿。树姿秀丽，叶翠绿扶疏。喜温暖湿润气候，不耐寒也不耐旱，喜光，耐阴，强光下叶色变红
用途	庭院栽植
适用地区	西南、长江流域至华南

植物名	红花檵木
科目	金缕梅科
株高	4～9m
特性	常绿灌木或小乔木。叶革质，初夏开花，红色、繁密。喜半荫，不耐瘠薄，较耐寒，耐修剪
用途	园景树、绿篱
适用地区	华东、华南、西南

植物名	山茶(茶花)
科目	山茶科
株高	10～15m
特性	常绿灌木或小乔木。早春开花，花期长。喜半荫，忌烈日，稍耐寒，喜排水良好的微酸性土壤
用途	园景树
适用地区	我国中部和南方各地区

植物名	杜鹃
科目	杜鹃花科
株高	3m
特性	落叶花灌木。喜凉爽、湿润、通风的半荫环境，不耐旱，既怕酷热又怕严寒
用途	基础种植、绿篱
适用地区	西北南部，长江流域及其以南地区

植物名	木槿
科目	锦葵科
株高	3～6m
特性	落叶灌木或小乔木。夏季开花。喜光，耐半阴，耐寒，较耐瘠薄，耐修剪，抗烟尘，抗氟化氢
用途	绿篱、花篱、庭院栽植、四旁绿化
适用地区	东北南部至华南

植物名	海桐
科目	海桐科
株高	2～6m
特性	常绿灌木或小乔木。枝叶密生，树冠圆球形。喜光，耐盐碱土质，萌芽力强，耐修剪，抗海潮风
用途	四旁绿化，厂矿绿化、绿篱
适用地区	长江流域及其以南地区

植物名	猬实
科目	忍冬科
株高	3m
特性	落叶。枝干丛生，株型秀丽，枝叶茂密，花色艳丽而外被刚毛。喜光，耐阴，耐干旱瘠薄土壤
用途	园景树、四旁绿化
适用地区	我国中部和西北部

植物名	粉花绣线菊
科目	蔷薇科
株高	1.5m
特性	落叶灌木，枝繁叶茂，叶似柳叶，小花密集，花色粉红，花期长。喜光，稍耐阴，耐寒，耐旱
用途	园景树、基础种植
适用地区	华北、西北、长江流域及以南地区

植物名	月季
科目	蔷薇科
株高	2m
特性	常绿或半常绿灌木。有大花、藤蔓、微型、地被月季等。喜光，适应性强，耐寒，耐旱
用途	基础种植、绿篱
适用地区	全国各地

植物名	棣棠
科目	蔷薇科
株高	1.5～2m
特性	落叶丛生无刺灌木，枝条终年绿色，花金黄色，花期长。喜光，稍耐阴，较耐湿，有一定耐寒力
用途	花篱
适用地区	华北南部及华中、华南各地

植物名	火棘
科目	蔷薇科
株高	5m
特性	常绿。枝拱形下垂，枝叶茂密，初夏开白花，入球红果经冬不落。喜光，不耐寒，耐干旱瘠薄土壤
用途	基础种植、绿篱
适用地区	黄河以南各地区

植物名	蜡梅
科目	蜡梅科
株高	3m
特性	落叶丛生灌木。在暖地半常绿。冬季开花，先叶开放，花期长。喜光，稍耐阴，较耐寒，耐旱
用途	园景树
适用地区	黄河流域及其以南地区

植物名	贴梗海棠	
科目	蔷薇科	
株高	2m	
特性	落叶。花于早春叶前开放或与叶同放。喜光，较耐寒，不耐水淹，不择土壤	
用途	园景树、绿篱、基础种植	
适用地区	西北南部，华北及其以南地区	

植物名	栀子	
科目	茜草科	
株高	1～3m	
特性	常绿。花白色，芳香。喜温暖湿润气候，喜光也能耐阴，萌蘖力、萌芽力均强，耐修剪	
用途	园景树、四旁绿化、厂矿绿化	
适用地区	长江流域及其以南地区	

植物名	石榴	
科目	石榴科	
株高	5～7m	
特性	落叶灌木或小乔木。树姿优美，枝叶秀丽，夏季繁花，秋季累果。喜光，喜温暖气候，较耐寒	
用途	园景树	
适用地区	黄河流域及其以南地区	

植物名	花椒	
科目	芸香科	
株高	3～8m	
特性	落叶灌木或小乔木。聚伞状花序顶生，蓇葖果球形。喜光，耐寒，耐旱，不耐涝，抗病能力强，耐修剪	
用途	四旁绿化、刺篱、经济树种	
适用地区	东北南部、华北至华南	

植物名	溲疏
科目	虎耳草科
株高	2.5m
特性	落叶，稀常绿。树皮薄片状剥落。花白色，或外面略带粉红，花期5～6月。喜光，稍耐阴，耐修剪
用途	基础种植、四旁绿化
适用地区	长江流域各省

植物名	黄馨
科目	木犀科
株高	2～3m
特性	常绿。树形圆整，枝细长、拱形、柔软下垂，花淡黄色。喜光，稍耐阴，耐旱，耐瘠薄，耐修剪
用途	基础种植、四旁绿化
适用地区	南方各地区

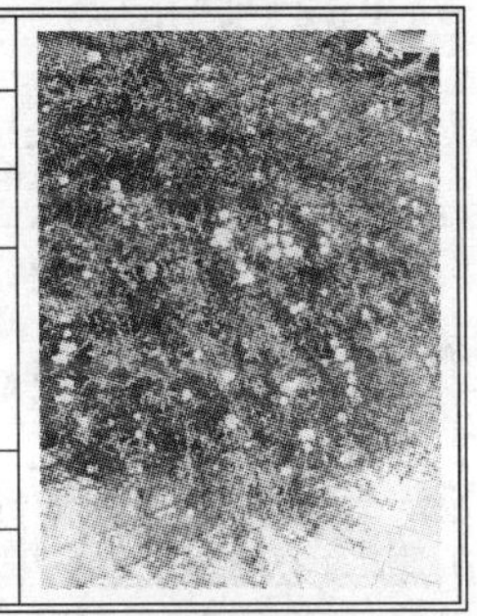

植物名	小叶女贞
科目	木犀科
株高	2～3m
特性	落叶或半常绿。喜光，稍耐阴，较耐寒，萌芽力强，耐修剪，抗多种有害气体
用途	基础种植、四旁绿化
适用地区	西北、华北、华中、华东、西南

植物名	迎春
科目	木犀科
株高	0.4～5m
特性	落叶。枝条细长、拱形、下垂，花黄色，先叶开放。喜光，稍耐阴，较耐寒，耐旱，怕涝，耐修剪
用途	基础种植、花篱
适用地区	西北、东北、华东、华北、西南

植物名	丁香	
科目	木犀科	
株高	4m	
特性	落叶。花序大，芳香。喜光，稍耐阴，耐寒，耐旱，忌低湿，抗多种有毒气体	
用途	园景树、厂矿绿化	
适用地区	东北、西北南部，华中，华东	

植物名	紫薇	
科目	千屈菜科	
株高	3～7m	
特性	落叶灌木或小乔木。夏秋开花，花期长。喜光，稍耐阴，耐旱，怕涝，萌蘖力强，生长较慢，寿命长	
用途	四旁绿化	
适用地区	华东、华中 、华南及西南	

植物名	枸杞	
科目	茄科	
株高	1～2m	
特性	落叶或常绿。多分枝，枝细长，拱形，有刺。喜光，稍耐阴，较耐寒，耐干旱，忌黏质土及低湿环境	
用途	四旁绿化、绿篱	
适用地区	全国各地	

（3）藤本植物

植物名	络石(石龙藤)	
科目	夹竹桃科	
特性	常绿攀缘藤本。花白似雪，有清香，花期5月。喜光，也耐阴。在阴湿而排水良好的酸性、中性土中生长旺盛。耐干旱，畏水淹	
用途	地被、攀附树干、岩石、墙垣等	
适用地区	黄河流域以南地区	

植物名	常春藤(中华常春藤)	
科目	五加科	
特性	常绿攀缘藤本。茎具气根，叶革质，深绿色，有长柄。极耐阴，也能在全光照下生长，对土壤要求不严，喜温暖、湿润、疏松、肥沃的土壤	
用途	垂直绿化、地被	
适用地区	黄河流域以南至华南和西南	

植物名	爬山虎(地锦、爬墙虎)	
科目	葡萄科	
特性	落叶大藤本。植株密布吸盘，翠叶遍盖如屏，秋后叶色变红或变黄。耐寒、耐旱，对土壤及气候适应能力强，阴阳处都适生	
用途	垂直绿化、工矿区绿化	
适用地区	东北至华南地区	

植物名	花叶蔓长春花	
科目	夹竹桃科	
特性	常绿蔓生亚灌木。营养茎平卧地面，开花枝直立。叶有黄色斑纹。花冠高脚碟状，蓝色，花期4～5月，适应性强，半荫环境生长最佳	
用途	地被、岩石、河沟边绿化	
适用地区	黄河流域以南地区	

植物名	金银花(忍冬、二色花藤)	
科目	忍冬科	
特性	常绿或半常绿缠绕藤本。双花单生叶腋，花冠先白色，后转黄色，有芳香，花期4～6月。喜阳也耐阴，耐寒，耐干旱也耐水湿	
用途	攀附棚架、绿廊	
适用地区	全国各地	

植物名	五叶地锦（美国地锦）
科目	葡萄科
特性	落叶大藤本。掌状复叶，具五小叶。春夏碧绿可人，入秋后叶色变红。攀缘力较差。耐寒、耐热、耐干旱贫瘠、较耐庇荫
用途	攀附墙面、山石
适用地区	全国各地

植物名	美国凌霄
科目	紫葳科
特性	落叶攀缘藤本。花冠漏斗状，外面橙红，内面鲜红，花期7～8月。喜温暖向阳，较耐阴，耐干旱，不耐寒，忌积水，萌芽、萌蘖力强
用途	攀附棚架、假山、墙垣等
适用地区	全国各地

植物名	紫藤
科目	豆科
特性	落叶木质大藤本。总状花序，在枝端或叶腋顶生，下垂，蓝紫至淡紫色，花期3～5月。寿命长。性强健，抗多种有毒气体，喜光略耐阴
用途	攀附棚架
适用地区	华北至华南

植物名	猕猴桃
科目	猕猴桃科
特性	落叶藤本。叶纸质，圆形或长圆形。浆果卵形，黄褐色。花期5～6月，果期10月。较耐寒，喜阳光，稍耐阴。萌芽力强，自然更新性好
用途	攀附花架、绿廊，结合生产
适用地区	长江流域以南地区

植物名	葡萄(葡陶、草龙珠)
科目	葡萄科
特性	落叶藤本。浆果卵圆或圆形，成串下垂，绿色、紫色等不一，果期7～9月。喜阳光充足、气候干燥的环境，较耐寒，要求通风和排水良好
用途	攀附棚架、结合生产
适用地区	长江流域以北地区

植物名	茑萝(绕龙花、茑萝松)
科目	旋花科
特性	1年生缠绕性草本。花冠高脚碟状，猩红色，有白色变种，花期7～9月。性喜温暖、向阳环境，不耐霜冻。抗性强，耐干旱瘠薄
用途	攀附棚架、篱垣，盆栽、地被
适用地区	全国各地

植物名	牵牛
科目	旋花科
特性	1年生或多年生缠绕性藤本。花大，有紫、蓝、红、白等花色，花期7～9月。性喜温暖、向阳环境，不耐霜冻。抗性强，耐干旱瘠薄
用途	攀附棚架
适用地区	全国各地

(4) 草花及地被植物

植物名	二月蓝(诸葛菜)
科目	十字花科
株高	30～50cm
特性	2年生草本。花多为蓝色，花期3～4月。适应性强，耐寒、耐旱、耐半荫，对土壤要求不严，自播能力强
用途	荒坡、阴处、林下观花地被
适用地区	东北、华北、华东、西北

植物名	红花酢浆草	
科目	酢浆草科	
株高	20～30cm	
特性	多年生草本。植株低矮整齐，花期 4～11 月，花红色。喜荫蔽、湿润的环境，耐阴性强。夏季短期休眠	
用途	疏林或林缘观花地被	
适用地区	华东、华南	

植物名	沿阶草(书带草)	
科目	百合科	
株高	15～40cm	
特性	多年生常绿草本。叶丛生，长线形，花淡紫色或紫色，花期 6～7 月。耐寒力较强，喜阴湿环境	
用途	小路、台阶镶边、林下阴湿处地被	
适用地区	全国各地	

植物名	半支莲(太阳花、大花马齿苋)	
科目	马齿苋科	
株高	10～15cm	
特性	1 年生草本。花瓣颜色鲜艳，花期 6～7 月。喜温暖干燥、阳光充足的环境。极耐瘠薄，能自播繁衍	
用途	花坛材料、庭院地被	
适用地区	全国各地	

植物名	白车轴草(白花三叶草)	
科目	酢浆草科	
株高	20～50cm	
特性	多年生常绿草本，茎匍匐。花白色，花期 4～11 月。耐热、耐寒、耐干旱，不耐盐碱，喜光也能耐半荫	
用途	斜坡、广场、疏林下地被	
适用地区	全国各地	

植物名	紫花地丁	
科目	堇菜科	
株高	5～15cm	
特性	多年生草本。3～4月开蓝紫色小花。性强健，喜光照，耐寒、耐旱、耐半荫、耐瘠薄，适应性强	
用途	观花地被、花坛材料、庭院绿化	
适用地区	我国大部，东北、华北最多	

植物名	一串红(拉尔维亚、西洋红)	
科目	唇形科	
株高	50～80cm	
特性	多年生草本。花红色，有白色、紫色、粉色等变种，花期7～10月。性喜温暖向阳处，也能耐半荫	
用途	花坛、花镜材料、盆栽	
适用地区	全国各地	

植物名	鸡冠花(鸡冠)	
科目	苋科	
株高	40～100cm	
特性	1年生草本。花序鸡冠状，有紫红、红、橙黄等色，花期7～10月。喜干热，不耐瘠薄，怕霜冻	
用途	花坛、花境材料、庭院绿化	
适用地区	全国各地	

植物名	凤仙花(指甲花、小桃红)	
科目	凤仙花科	
株高	30～80cm	
特性	1年生草本。花大，多侧垂，花色有白、紫红、玫瑰红等，花期7～9月。喜温暖光照，不耐寒	
用途	花坛材料、盆栽、庭院绿化	
适用地区	华北南部、华中、华东、华南	

植物名	虞美人(丽春花)
科目	罂粟科
株高	40～80cm
特性	1～2 年生草本。花单生，有长梗，花色丰富，花期 5～6 月。喜阳光及通风良好的环境，耐寒
用途	花坛、花境材料、庭院绿化、盆栽
适用地区	全国各地

植物名	万寿菊(臭芙蓉、蜂窝菊)
科目	菊科
株高	60～100cm
特性	1 年生或多年生草本。植株有异味。花大，黄色，花期 6～10 月。喜光，较耐旱，在多湿、酷暑下生长不良
用途	花坛、花境材料、庭院绿化
适用地区	全国各地

植物名	百日草(对叶梅、百日菊)
科目	菊科
株高	15～100cm
特性	1 年生草本。花色有白、粉、红、橙等多种，花期 6～10 月。喜温暖光照，也可耐半荫，较耐干旱
用途	花坛、花境、花丛材料
适用地区	全国各地

植物名	紫云英
科目	豆科
株高	80～120cm
特性	2 年生草本，多在秋季套播于晚稻田中。小叶倒卵形，伞形花序。抗旱力弱，耐湿性强
用途	绿肥、饲料、药用
适用地区	华东、华中、华南

植物名	蝴蝶花	
科目	鸢尾科	
株高	20～30cm	
特性	多年生草本。花淡蓝色或淡紫色，排列成总状聚伞花序，花期 4 ～5 月。喜温暖、湿润、半荫环境	
用途	阴湿处花坛、花境材料、林下地被	
适用地区	长江以南地区	

植物名	萱草	
科目	百合科	
株高	50～100cm	
特性	多年生宿根草本。花冠漏斗状，橘黄色至橘红色，花期 6～7 月。耐寒，喜光，亦耐半阴，耐干旱	
用途	路边、疏林栽植，花坛、花境材料	
适用地区	全国各地	

植物名	石竹(中国石竹、洛阳石竹)	
科目	石竹科	
株高	20～40cm	
特性	多年生草本。花朵繁密，有红、白、紫红等多色，花期 4～5 月。耐寒，耐干旱。喜高燥、通风、凉爽的环境，喜排水良好、含石灰质的土壤	
用途	花坛、花境、地被、药用	
适用地区	东北、华北、西北、长江流域	

植物名	野黄菊	
科目	菊科	
株高	25～90cm	
特性	多年生草本。茎直立，基部常匍匐。小花黄色。花期 9～11 月。性强健，喜光，耐寒、耐旱、耐热	
用途	观花地被、花坛、花境材料	
适用地区	全国各地	

植物名	鸢尾(蓝蝴蝶)
科目	鸢尾科
株高	30～50cm
特性	多年生草本。花蝶形，蓝紫色，花期4～5月。性强健，耐寒性强，喜适度湿润的微酸性壤土，也耐干燥
用途	栽于池边湖畔、石间路旁或庭院
适用地区	全国各地

植物名	千屈菜(水柳、水枝柳)
科目	千屈菜科
株高	可达100cm
特性	多年生草本。小花多而密集，紫红色，花期7～9月。喜阳光，要求湿润、通风良好的环境，耐寒
用途	水边绿化、盆栽、花境材料
适用地区	全国各地

植物名	蛇莓(三爪风、龙吐珠)
科目	蔷薇科
特性	多年生草本。有长匍匐茎，被柔毛。夏季结果，果实鲜红诱人。生命力强，喜温暖湿润环境，较耐旱、耐瘠薄，对土壤要求不严
用途	斜坡、田边、沟边做地被
适用地区	辽宁以南各省区

《村庄绿化》立项统计

项目编号	项目名称	适用地区	备注
项目-1	村庄道路绿化	全国各地	
项目-2	村庄水系绿化	全国各地	
项目-3	村庄公共绿地绿化	全国各地	

《村庄绿化》技术统计

技术编号	技术名称	适用地区	备注
绿化-1	裸根挖掘技术	全国各地	
绿化-2	带土球挖掘技术	全国各地	
绿化-3	有预先计划的非适宜季节移植技术	全国各地	
绿化-4	临时特需的非适宜季节移植技术	全国各地	
绿化-5	绿化植物土壤管理技术	全国各地	
绿化-6	绿化植物施肥技术	全国各地	
绿化-7	绿化灌溉与排水技术	全国各地	
绿化-8	自然灾害防治技术	全国各地	
绿化-9	病虫害防治技术	全国各地	
绿化-10	树木树体的保护修补技术	全国各地	

参 考 文 献

［1］ 陈威．景观新农村：乡村景观规划理论与方法［M］．北京：中国电力出版社，2007.9.

［2］ 陈有民．园林树木学［M］．北京：中国林业出版社，2006.2.

［3］ 北京林业大学园林系花卉教研组．花卉学［M］．北京：中国林业出版社，2002.5.

［4］ 陈俊愉，程绪珂．中国花经［M］．上海：上海文化出版社，1990.8.

［5］《园林绿化施工管理》编委会．园林绿化施工管理［M］．杭州：浙江科学技术出版社，2008.2.

［6］ 马军山，董丽．城镇绿化规划与设计［M］．南京：东南大学出版社，2002.8.

［7］ 宋小兵等．园林树木养护问答 240 例［M］．北京：中国林业出版社，2002.1.

［8］ 孔德政等．庭院绿化与室内植物装饰［M］．北京：中国水利水电出版社，2007.10.

［9］ 戴贤臣．园林绿化植物的科学管护措施［J］．现代农业科技，2008(16)：89-89.

［10］ 沈耀明，徐明芳等．吴江市农村绿化现状及发展之探讨［J］．上海农业科技，2007(3)：98-100.

［11］ 赵雁翔．校园绿化建设浅谈［J］．中华建设，2008(3)：78-79.

［12］ 胡天新，钮兆花，鲁海东．宝应县村庄绿化现状、规划及实施措施的探讨［J］．江苏林业科技，2007，34(5)：55-57.

［13］ 王小纪，李锋，杨莉．村庄绿化主要模式［J］．陕西林业，2006(6)：36-37.

［14］ 卢萍．浅谈新农村建设中村庄绿化规划［J］．安徽林业，2007(2)：18-18.

［15］ 范志浩．河池农村庭院林业生态建设模式探讨［J］．中南林业调查规划，2007，26(3)：36-38，47.

［16］ 王文华．浅议农村生态园林化建设［J］．山西林业，2006(4)：4-4，21.

[17] 郑一帆. 中山市中小学校园绿化特色 [J]. 广东园林，1991(1)：13-14.
[18] 李忠泽. 如何建设农田林网 [J]. 山西省林业科技，2003(4)：47-47.
[19] 马一科. 工厂绿化 [J]. 黑龙江科技信息，2007(4)：105-105.
[20] 陈昌义. 如何选择农田林网树种 [J]. 安徽林业，1991(5)：14-14.
[21] 杨雯雯，鲍继峰，李科. 新农村文化广场建设综议-以沈阳市农村文化广场建设为例 [J]. 沈阳建筑大学学报 2007(1)：28-32.
[22] 张毅敏，李维新等. 小城镇环境绿化规划原则与方法 [J]. 南京林业大学学报，2000(2)：95-97.
[23] 周曦，苏雪痕. 观光游览苗圃发展研究与规划设计初探 [D]. 北京：北京林业大学，2006.
[24] 李小刚. 泽州县生态园林村镇建设的实践与思考 [J]. 山西农业科学，2008，36(10)：79-80.
[25] 康杰，王维仁. 非适宜季节移植树的施工与管理技术 [J]. 林业科技情报，2007(39)，2：13-14.
[26] 李淑萍. 园林树木的养护管理制度 [J]. 内蒙古林业调查设计，2008(5)：48-49.
[27] 祁力言,李冬林等. 无锡新农村庭院绿化模式及结构布局研究 [J]. 江苏林业科技，2008(2)，35：24.
[28] 浙江省村庄绿化规划指导意见，2003.
[29] http：//www. onfruit. com/Caizhai/Info/2149. htm
[30] http：//www. anlilong. com/html/kanglexiuxian/20080610/22. html
[31] http：//www. anji. gov. cn/anji/xiangzhen/29618/xzhxinxi. jsp? InfoId=6926
[32] http：//dongtian. jxjnw. com/orange/index. asp